TRAINING Grundwissen MATHEMATIK

Müller • Schmidt

Mathematik 6. Klasse

Aufgaben mit Lösungen

STARK

Bildnachweis
S. 1, S. 17, S. 41, S. 67 und S. 103: Fotoma, Landshut; S. 89: Hans H. Hofstätter und Henri Stierling (Hrsg.): Gotik. Berlin: Benedikt Taschen Verlag, S. 26 (Die große Westrose der Kathedrale vom Reims, Frankreich – Foto: René Bersier); S. 139: © by Manfred Limmroth

ISBN: 3-89449-215-5

D-85318 Freising · Postfach 1852 · Tel. (08161) 1790

Inhalt

(Fortsetzung siehe nächste Seite)

Autoren: Alfred Müller, StD
Achim Schmidt, StD
(Aufgaben und Lösungen zu den Prüfungsaufgaben 1–3, 7–9, 13–15, 19–21, 25–27)

Vorwort an die Schüler

Liebe Schülerin, lieber Schüler,

du hast bereits das erste Jahr am Gymnasium geschafft, wozu ich dir ganz herzlich gratuliere. Ich wünsche dir auch weiterhin viel Erfolg. Dabei können dir u. a. die Bände aus der den Unterricht begleitenden Reihe "Mathematik Training" helfen.

Der Mathematikstoff der 6. Klasse mit den Bruch- und Prozentrechnungen sowie den direkten und indirekten Schlußrechnungen ist nicht ganz leicht. Du mußt dich ganz besonders konzentrieren, denn schon leichte Rechenfehler erschweren den weiteren Gang der Rechnung ganz erheblich. Es ist für die Bruchrechnung besonders wichtig, daß du aus der 5. Klasse das Kapitel über die Teilbarkeit natürlicher Zahlen beherrschst. Du kannst es – falls nötig – nochmals mit dem Band aus dieser Reihe (Best.-Nr.: 90005) wiederholen, der den Stoff der 5. Klasse behandelt.

Dieses Buch "Mathematik Training 6. Klasse" will dir helfen, den Mathematikstoff der 6. Jahrgangsstufe durch **Beispiele** zu verstehen und an **Aufgaben** zu üben. Das Buch ist so aufgebaut, daß zuerst die Inhalte aus dem Unterricht kurz aufgegriffen und an Beispielen verdeutlicht werden. Zu jedem Abschnitt findest du charakteristische, häufig umfangreichere Übungsaufgaben, insgesamt 120, im **Lösungsteil** die entsprechenden ausführlichen Lösungen.

Auch in der 6. Klasse werden fünf Klassenarbeiten geschrieben, die gleichmäßig über das Schuljahr verteilt sind. Zur Vorbereitung auf diese Arbeiten findest du unter dem Kapitel **"Prüfungsaufgaben"** typische Aufgaben, an denen du dein Wissen und Können testen kannst. Die ausführlichen Lösungen helfen dir auch hier, eventuell gemachte Fehler selbst zu finden.

Herr Schmidt und ich wünschen dir viel Erfolg und viel Freude bei der Arbeit mit diesem Buch!

Alfred Müller

Vorwort an die Eltern

Liebe Eltern,

Ihr Kind ist Schülerin oder Schüler der 6. Jahrgangsstufe des Gymnasiums und Sie haben das Gefühl, daß es in Mathematik Unterstützung braucht. Wir helfen Ihnen.

Der Mathematikstoff der 6. Klasse setzt voraus, daß Ihr Kind mit natürlichen Zahlen sicher rechnen kann. Sollte Ihr Kind damit noch Schwierigkeiten haben, empfehle ich Ihnen das Buch "Mathematik Training 5. Klasse" (Best.-Nr.: 90005) aus dieser Reihe zur Wiederholung.

Das vorliegende Buch "Mathematik Training 6. Klasse" will nicht den Unterricht ersetzen, sondern auf vielfältige Art ergänzen:

- Sie können Ihr Kind das Buch neben dem Unterricht zur **Wiederholung** und **Festigung** benutzen lassen, da das gesamte Grundwissen in kurzer Form dargestellt ist und durch treffende Beispiele erläutert wird.
- Sie können es aber auch gezielt dort einsetzen, wo Ihr Kind **Lücken** hat. Wählen Sie die betreffenden Kapitel aus, lassen Sie diese von Ihrem Kind wiederholen und die dazugehörigen Aufgaben rechnen.
- Sie können es als **Vorbereitung für die Klassenarbeiten** nutzen, denn neben dem Unterrichtsstoff finden Sie für jede der fünf Klassenarbeiten, die Ihr Kind in der 6. Klasse schreiben muß, reichhaltiges Übungsmaterial.

Beachten Sie bei all diesen vielfältigen Einsatzmöglichkeiten:

- Ihr Kind sollte den Lösungsteil erst dann aufschlagen, wenn es die Aufgabe vollständig gelöst hat.
- Falls das nicht sofort gelingt, kann man oftmals mit dem Durcharbeiten einschlägiger Beispiele das Lösen der Aufgabe erreichen.

- Kommt Ihr Kind dann immer noch nicht auf eine Lösung, sollte es die Aufgabe markieren und den Lösungsvorschlag des Lösungsteils durcharbeiten. Achten Sie unbedingt darauf, daß Ihr Kind die markierte Aufgabe später nochmals selbständig löst.
- In den seltenen Fällen, in denen weder Beispiele noch Lösungsteil helfen, sollte sich Ihr Kind vertrauensvoll an seine Mathematiklehrerin/seinen Mathematiklehrer wenden, die/der immer gerne bereit ist, solche Fragen zu beantworten.

Herr Schmidt und ich wünschen Ihnen und Ihrem Kind viel Erfolg und viel Freude bei der Arbeit mit diesem Buch.

Alfred Müller

Bruchzahlen

Zahlen umgeben uns überall. Auch im Kochbuch findest du Bruchzahlen.

Mathe-Power-Shake

Zutaten für 2 Drinks:

$1\frac{1}{2}$ Bananen · 4 Erdbeeren · $\frac{1}{8}$ ℓ Multivitaminsaft · $\frac{1}{8}$ ℓ Kefir · $\frac{1}{2}$ Eßlöffel Honig

Was Du sonst noch brauchst:

Mixer · 2 Gläser · 2 Zahnstocher · 2 Trinkhalme

Zubereitung:

1. Die Banane schälen und grob zerkleinern. Zusammen mit den übrigen Zutaten 15 Sekunden gut durchmixen.
2. Das Getränk in die Gläser verteilen.
3. Als Garnitur die $\frac{1}{2}$ Banane in Scheiben schneiden und diese abwechselnd mit den Erdbeeren auf die Zahnstocher spießen. Die Spieße über die Glasränder legen und mit einem Trinkhalm servieren.

1 Bruchteile von Einheiten und Größen

Die Wörter **eins, zwei, drei, ...** geben das Ergebnis einer Zählung an, d. h. die Anzahl der Elemente einer Menge.
Die Wörter **erster, zweiter, dritter, ...** ordnen die gezählten Dinge, d. h. ordnen die Elemente in einer Reihenfolge.
Die Wörter **ein halb, ein drittel, ein viertel, ...** bezeichnen **Bruchteile** vom Ganzen.

Beispiel:

Für Einheiten und Größen gilt:

Bruchteil	Schreibweise	Bedeutung	Wert
ein halber Meter	$\frac{1}{2}$ m	1 m : 2	50 cm
eine viertel Stunde	$\frac{1}{4}$ h	1 h : 4	15 min
ein zehntel Kilogramm	$\frac{1}{10}$ kg	1 kg : 10	100 g
ein fünftel DM	$\frac{1}{5}$ DM	1 DM : 5	20 Pf
ein drittel Tag	$\frac{1}{3}$ Tag	1 Tag : 3	8 h
drei viertel Kilogramm	$\frac{3}{4}$ kg	$\frac{1}{4}$ kg · 3	750 g
sieben zehntel Kilometer	$\frac{7}{10}$ km	$\frac{1}{10}$ km · 7	700 m
drei fünftel Stunden	$\frac{3}{5}$ h	$\frac{1}{5}$ h · 3	36 min

Es bedeutet:

$\frac{1}{4}$ **von** 20 m = 20 m : 4 = 5 m

$\frac{3}{4}$ **von** 20 m = (20 m : 4) · 3 = 5 m · 3 = 15 m

Aufgaben

1. Berechne in der angegebenen Einheit.

a) in Pf: $\frac{4}{50}$ DM =

b) in m^2: $\frac{13}{25}$ a =

c) in g: $\frac{113}{125}$ kg =

d) in m: $\frac{50}{50}$ km =

e) in kg: $\frac{7}{20}$ t =

f) in ℓ: $\frac{6}{25}$ $h\ell$

2. Berechne:

a) $\frac{4}{5}$ von 35 m =

b) $\frac{18}{17}$ von 119 ℓ =

c) $\frac{5}{4}$ von 36 DM =

d) $\frac{17}{18}$ von 126 kg =

3. Gib den Bruchteil an.

a) 10 m von 1 km =

b) 5 min von 1 h =

c) 125 kg von 1 t =

d) 80 Pf von 1 DM =

4. Berechne x:

a) $\frac{6}{7}$ von x = 66 m

b) $\frac{11}{10}$ von x = 220 DM

c) $\frac{5}{9}$ von x = 60 kg

d) $\frac{3}{11}$ von x = 57 ℓ

5. Wenn man eine Strecke der Länge x um $\frac{1}{6}$ ihrer Länge vergrößert, so erhält man eine Strecke der Länge 35 cm.
Wie lange war die ursprüngliche Strecke?

2 Bruchzahlen

2.1 Definition der Bruchzahlen und ihre Darstellung

In der Menge $\mathbb{N}$ der natürlichen Zahlen sind die Addition und die Multiplikation unbeschränkt ausführbar.
Die Subtraktion $a - b$ ist nur für $b < a$ erklärt.
Die Division $a : b$ ist nur für $b \mid a$ (b ist ein Teiler von a bzw. a ist ein Vielfaches von b) durchführbar.
Was bedeutet z. B. 2 : 5?
Überlegung am Zahlenstrahl: Einteilung der Strecke von 0 bis 2 in fünf Teile.

Es gibt auf dem Zahlenstrahl einen Punkt, aber (noch) keine Zahl bzw. Zahlennamen.
Deshalb legt man für diesen Punkt 2 : 5 die folgende Bezeichnung fest:

$$2 : 5 = \frac{2}{5}$$ Zähler (Z), Bruchstrich, Nenner (N)

Der Nenner (N) gibt den Namen, d. h. er gibt an in wieviele Teile ein Ganzes geteilt wird.
Der Zähler (Z) "zählt", wie viele solche Teile genommen werden.
So erhält man z. B.:

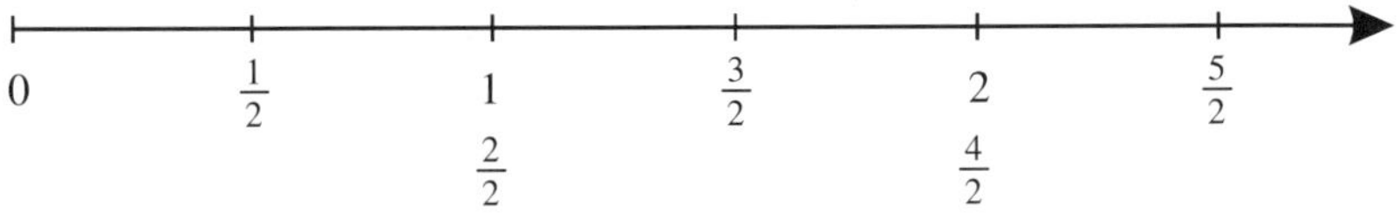

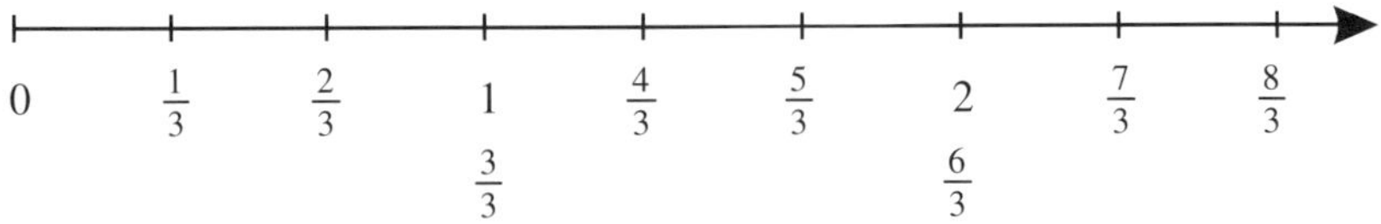

Setzt man dieses Verfahren immer weiter fort und legt alle Zahlenstrahlen aufeinander, so erhält man einen einzigen Zahlenstrahl, auf dem jetzt überall neue Zahlen liegen.

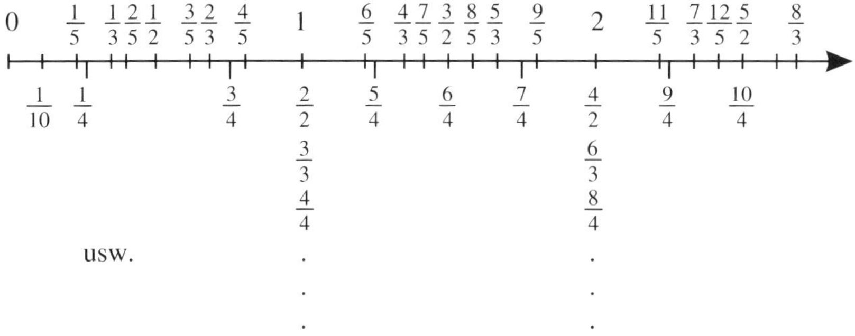

Die neuen Zahlen heißen **Bruchzahlen** oder **Brüche**. Sie werden mit zwei natürlichen Zahlen geschrieben:

$$\text{Bruch B} = \frac{\text{Zähler Z}}{\text{Nenner N}}$$

Diese Zahlen werden zur Menge $\mathbb{Q}_0^+$ (zur Menge $\mathbb{B}$) der Bruchzahlen zusammengefaßt.
Jede Bruchzahl hat ein Bild auf dem Zahlenstrahl. Für denselben Punkt auf dem Zahlenstrahl kann es verschiedene "Namen" geben.

Beispiel:

$$\frac{1}{2} = \frac{2}{4} = \frac{3}{6} = \frac{4}{8} = \ \ldots$$

Aufgaben

6. Welcher Bruchteil ist gerastert?

a) 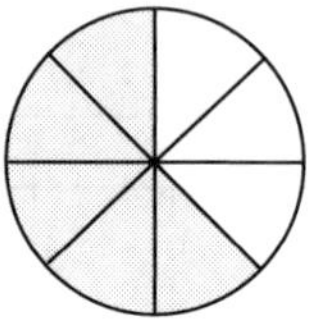

b) 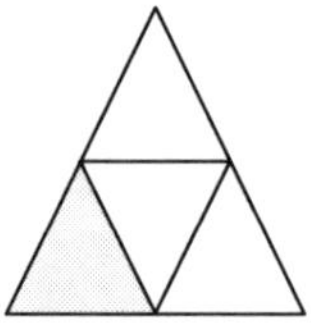

c) 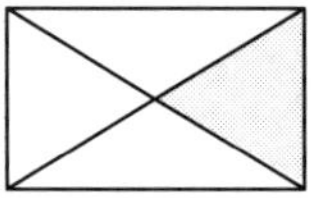

d) 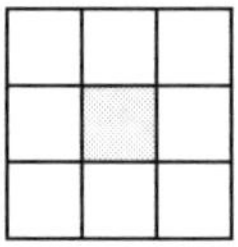

7. Zeichne auf einem Zahlenstrahl.

a) $\frac{15}{8}$

b) $\frac{9}{5}$

c) $\frac{4}{7}$

d) $\frac{22}{9}$

2.2 Bezeichnungen und Sonderfälle

Brüche mit dem Zähler 1 heißen **Stammbrüche**.

Beispiel:

$\frac{1}{2}, \frac{1}{3}, \frac{1}{4}, \ldots, \frac{1}{n}, n \in \mathbb{N}$ sind Stammbrüche.

Für Stammbrüche gilt: $\frac{1}{2} \cdot 2 = 1;\ \frac{1}{3} \cdot 3 = 1;\ \ldots;\ \frac{1}{n} \cdot n = 1$.

Brüche, die keine Stammbrüche sind, heißen **zusammengesetzte Brüche**.

Beispiele:

1. $\frac{2}{3} = \frac{1}{3} \cdot 2 = \frac{1}{3} + \frac{1}{3}$

2. $\frac{5}{7} = \frac{1}{7} \cdot 5 = \frac{1}{7} + \frac{1}{7} + \frac{1}{7} + \frac{1}{7} + \frac{1}{7}$

Brüche, bei denen der Zähler kleiner ist als der Nenner, heißen **echte Brüche**. Ihr Wert liegt zwischen 0 und 1.

Beispiel:

$\frac{3}{11}$; $\frac{5}{9}$; $\frac{11}{12}$; ... sind echte Brüche

Brüche, bei denen der Zähler größer ist als der Nenner, heißen **unechte Brüche** oder **gemischte Zahlen**.

Beispiele:

1. $\frac{3}{2} = \frac{1}{2} \cdot 3 = \left(\frac{1}{2} + \frac{1}{2}\right) + \frac{1}{2} = 1 + \frac{1}{2} = 1\frac{1}{2}$

2. $\frac{7}{3} = \frac{1}{3} \cdot 7 = \left(\frac{1}{3} + \frac{1}{3} + \frac{1}{3}\right) + \left(\frac{1}{3} + \frac{1}{3} + \frac{1}{3}\right) + \frac{1}{3} = 1 + 1 + \frac{1}{3} = 2 + \frac{1}{3} = 2\frac{1}{3}$

3. $\frac{18}{5} = 3\frac{3}{5}$

Sonderfälle:

1. **Scheinbrüche:**
   Brüche, bei denen der Zähler gleich dem Nenner ist, stellen die Zahl 1 dar.
   Brüche, bei denen der Zähler ein Vielfaches des Nenners ist, stellen natürliche Zahlen dar.
2. Es gibt keinen Bruch mit dem **Nenner 0**, weil die Division durch 0 nicht erlaubt ist.

Beispiele:

1. $\frac{8}{8}=1$; $\frac{23}{23}=1$
2. $\frac{20}{5}=4$; $\frac{120}{6}=20$
3. $\frac{0}{6}=0$; $\frac{0}{125}=0$
4. $\frac{5}{0}$ ist nicht definiert ; $\frac{0}{0}$ ist nicht definiert

Aufgaben

8. Bestimme den Wert des Scheinbruches.

a) $\frac{192}{12}=$ b) $\frac{442}{17}=$

c) $\frac{441}{21}=$ d) $\frac{861}{7}=$

9. Verwandle in eine gemischte Zahl.

a) $\frac{44}{13}=$ b) $\frac{28}{5}=$

c) $\frac{611}{12}=$ d) $99:25=$

10. Verwandle in einen unechten Bruch.

a) $2\frac{1}{5} =$ b) $16\frac{1}{3} =$

c) $25\frac{3}{16} =$ d) $11\frac{10}{11} =$

2.3 Hauptgesetz der Bruchrechnung

Ein Bruch ist der Wert eines Quotienten.

$a : b = \frac{a}{b}$, $a \in \mathbb{N}_0$; $b \in \mathbb{N}$

Der Quotient a : b hat in der Zahlenmenge $\mathbb{Q}_0^+$ den Wert $\frac{a}{b}$. Damit ist in $\mathbb{Q}_0^+$ jede Gleichung $a \cdot x = b$ bzw. $x \cdot a = b$ mit $a \in \mathbb{N}$; $b \in \mathbb{N}_0$ lösbar.

$a \cdot x = b \;\Rightarrow\; x = b : a = \frac{b}{a}$ $x \cdot a = b \;\Rightarrow\; x = b : a = \frac{b}{a}$

Beispiele:

1. $25 : 6 = \frac{25}{6} = 4\frac{1}{6}$
2. $123 : 8 = \frac{123}{8} = 15\frac{3}{8}$
3. $5 \cdot x = 12$

   $x = 12 : 5$

   $x = \frac{12}{5} = 2\frac{2}{5}$

Aufgaben

11. Bestimme x.

a) $13 \cdot x = 112$
b) $55 \cdot x = 61$
c) $x \cdot 13 = 94$
d) $x \cdot 7 = 50$

2.4 Erweitern von Brüchen

Auf dem Zahlenstrahl haben Punkte und damit die Zahlen verschiedene Namen. Man stellt dabei für den Wert einer solchen Bruchzahl fest:

Der Wert eines Bruches ändert sich nicht, wenn man Zähler **und** Nenner mit derselben natürlichen Zahl multipliziert. Dieser Formänderung des Bruches heißt **Erweitern**.

$\frac{a}{b} = \frac{a \cdot n}{b \cdot n}$ $\quad a \in \mathbb{N}_0;\ b, n \in \mathbb{N}$

Beispiele:

1. $\frac{2}{3} = \frac{2 \cdot 2}{3 \cdot 2} = \frac{4}{6}$; $\frac{2}{3} = \frac{2 \cdot 5}{3 \cdot 5} = \frac{10}{15}$; $\frac{2}{3} = \frac{2 \cdot 105}{3 \cdot 105} = \frac{210}{315}$ usw.
2. $\frac{5}{6} = \frac{5 \cdot 2}{6 \cdot 2} = \frac{10}{12}$; $\frac{5}{6} = \frac{5 \cdot 20}{6 \cdot 20} = \frac{100}{120}$ usw.

Aufgaben

12. Erweitere mit der jeweils angegebenen Zahl.

a) $\frac{5}{9}$ mit 16
b) $\frac{8}{3}$ mit 111
c) $\frac{17}{21}$ mit 14
d) $4\frac{1}{3}$ mit 12

2.5 Kürzen von Brüchen

Macht man das Erweitern rückgängig, so stellt man fest:

Der Wert eines Bruches ändert sich nicht, wenn man Zähler **und** Nenner durch dieselbe natürliche Zahl dividiert. Diese Formänderung des Bruches heißt **Kürzen**.

$\frac{a}{b} = \frac{a:n}{b:n}$ $\qquad a \in \mathbb{N}_0;\ b, n \in \mathbb{N}$

Hinweis: Beim Kürzen eines Bruches braucht man aus dem Lehrstoff der 5. Klasse die Teilbarkeitsregeln, um zu erkennen, welche gemeinsamen Faktoren in Zähler und Nenner enthalten sind, bzw. die Zerlegung in Primfaktoren.

Beispiele:

In den Beispielen steht die Zahl, mit der gekürzt wird, unter dem Gleichheitszeichen.

1. Kürze:

a) mit 2: $\frac{44}{46} \underset{2}{=} \frac{22}{23}$

b) mit 7: $\frac{35}{49} \underset{7}{=} \frac{5}{7}$

c) mit 3: $\frac{27}{99} \underset{3}{=} \frac{9}{33}$

d) mit 8: $\frac{64}{88} \underset{8}{=} \frac{8}{11}$

2. Kürze vollständig.

$\frac{70}{84} \underset{2}{=} \frac{35}{42} \underset{7}{=} \frac{5}{6}$ oder $\frac{70}{84} \underset{14}{=} \frac{5}{6}$

$\frac{5}{6}$ heißt die **Grundform** des Bruches.

Einen Bruch kürzt man vollständig, indem man Schritt für Schritt einzelne Faktoren kürzt, oder indem man insgesamt durch den größten gemeinsamen Teiler (ggT) von Zähler und Nenner kürzt.

Beispiel:

Kürze vollständig:

$$\frac{21 \cdot 60}{27 \cdot 35} \underset{3}{=} \frac{7 \cdot 60}{9 \cdot 35} \underset{5}{=} \frac{7 \cdot 12}{9 \cdot 7} \underset{7}{=} \frac{1 \cdot 12}{9 \cdot 1} \underset{3}{=} \frac{1 \cdot 4}{3 \cdot 1} = \frac{4}{3} = 1\frac{1}{3}$$

Einen Bruch kann man auch so kürzen, daß man Zähler und Nenner in Primfaktoren zerlegt und die gemeinsamen Faktoren kürzt.
Beachte: Kennzeichne die Faktoren, die bereits gekürzt sind, z. B. durch ein Symbol $\frown$.

Beispiel:

$$\frac{21 \cdot 60}{27 \cdot 35} = \frac{\overset{\frown}{3} \cdot \overset{\frown}{7} \cdot 2 \cdot 2 \cdot \overset{\frown}{3} \cdot \overset{\frown}{5}}{\overset{\frown}{3} \cdot \overset{\frown}{3} \cdot 3 \cdot \overset{\frown}{5} \cdot \overset{\frown}{7}} = \frac{2 \cdot 2}{3} = \frac{4}{3} = 1\frac{1}{3}$$

Aufgaben

13. Kürze:

a) mit 4: $\frac{12}{24} =$

b) mit 8: $\frac{32}{104} =$

c) mit 13: $\frac{91}{117} =$

d) mit 17: $\frac{221}{289} =$

14. Kürze vollständig.

a) $\frac{96}{180} =$

b) $\frac{90 \cdot 16}{15 \cdot 48} =$

c) $\frac{78 \cdot 9 \cdot 143}{39 \cdot 33 \cdot 156} =$

d) $\frac{57 \cdot 20 \cdot 32 \cdot 225}{36 \cdot 38 \cdot 75 \cdot 50} =$

2.6 Runden von Brüchen

Häufig erhält man einen wesentlich einfacheren Bruch, wenn man Zähler oder Nenner oder beide durch benachbarte Zahlen so ersetzt, daß man den neuen Bruch kürzen kann. Dieser Vorgang heißt **Runden** von Brüchen.

Beispiele:

1. $\frac{33}{100} \approx \frac{33}{99} = \frac{1}{3}$
2. $\frac{22}{43} \approx \frac{22}{44} = \frac{1}{2}$
3. $\frac{76}{89} \approx \frac{77}{88} = \frac{7}{8}$

Aufgaben

15. Runde die Brüche.

a) $\frac{26}{53} \approx$

b) $\frac{43}{85} \approx$

c) $\frac{107}{288} \approx$

d) $\frac{41}{209} \approx$

e) $\frac{51}{349} \approx$

f) $\frac{121}{181} \approx$

g) $\frac{209}{279} \approx$

h) $\frac{899}{1001} \approx$

2.7 Vergleich von Brüchen mit dem Hauptnenner

Gleiche Nenner

Bei Brüchen mit **gleichem Nenner** ist derjenige Bruch **kleiner**, der den **kleineren** Zähler besitzt.
Brüche mit gleichem Nenner heißen **gleichnamig**.

Beispiel:

Ordne in einer stetigen Ungleichungskette: $\frac{3}{19}; \frac{17}{19}; \frac{4}{19}; \frac{5}{19}; \frac{16}{19}$

$$\frac{3}{19} < \frac{4}{19} < \frac{5}{19} < \frac{16}{19} < \frac{17}{19}$$

Gleiche Zähler

Bei Brüchen mit **gleichem Zähler** ist derjenige Bruch **kleiner**, der den **größeren** Nenner besitzt.

Beispiele:

1. Ordne in einer fallende Ungleichungskette: $\frac{1}{12}; \frac{1}{17}; \frac{1}{5}; \frac{1}{4}; 1; \frac{1}{60}$

   $$1 > \frac{1}{4} > \frac{1}{5} > \frac{1}{12} > \frac{1}{17} > \frac{1}{60}$$

2. Bestimme die größte Zahl durch Vergleich der Zähler bzw. der Nenner:
   $\frac{3}{26}; \frac{4}{25}; \frac{3}{22}; \frac{3}{19}; \frac{4}{19}$

   $$\frac{4}{19} > \frac{4}{25} \text{ und } \frac{3}{19} > \frac{3}{22} > \frac{3}{26} \Rightarrow \frac{4}{19} > \frac{3}{19}$$

   $\frac{4}{19}$ ist die größte der fünf Zahlen.

Zähler und Nenner verschieden

Durch Erweitern (bzw. durch Kürzen) werden gleiche Nenner hergestellt. Der kleinste dieser gemeinsamen Nenner (= kleinstes gemeinsames Vielfaches (kgV) der Nenner) heißt **Hauptnenner (HN)**.

Anmerkung: Das Herstellen gleicher Zähler wäre auch möglich, ist aber in Hinblick auf das spätere Rechnen nicht sinnvoll.

Beispiele:

1. Vergleiche durch Erweitern auf den Hauptnenner:

   a) $\frac{3}{12}$ und $\frac{5}{18}$

   $\text{HN} = \text{kgV}\,(12;\,18) = 36 \Rightarrow \frac{3}{12} = \frac{9}{36};\ \frac{5}{18} = \frac{10}{36} \Rightarrow \frac{3}{12} < \frac{5}{18}$

   b) $\frac{6}{7}$ und $\frac{7}{8}$

   $\text{HN} = \text{kgV}\,(7;\,8) = 56 \Rightarrow \frac{6}{7} = \frac{48}{56};\ \frac{7}{8} = \frac{49}{56} \Rightarrow \frac{6}{7} < \frac{7}{8}$

2. Ordne die gegebenen Brüche in einer steigenden Ungleichungskette:

   $\frac{1}{3};\ \frac{2}{5};\ \frac{4}{15};\ \frac{7}{30}$

   $\text{HN} = \text{kgV}\,(3;\,5;\,15;30) = 30$

   $\frac{1}{3} = \frac{10}{30};\ \frac{2}{5} = \frac{12}{30};\ \frac{4}{15} = \frac{8}{30};\ \Rightarrow \frac{7}{30} < \frac{4}{15} < \frac{1}{3} < \frac{2}{5}$

Aufgaben

16. Setze das richtige Zeichen "<" bzw. ">" an die Leerstellen ... .

a) $\frac{11}{30} \dots \frac{7}{16}$ b) $\frac{9}{13} \dots \frac{5}{9}$

c) $\frac{7}{15} \dots \frac{11}{21}$ d) $\frac{7}{12} \dots \frac{11}{18}$

17. Ordne die gegebenen Brüche in einer fallenden Ungleichungskette.

a) $\frac{2}{3}; \frac{3}{5}; \frac{4}{7}$

b) $\frac{6}{11}; \frac{1}{2}; \frac{3}{5}; \frac{7}{10}$

c) $\frac{2}{7}; \frac{3}{6}; \frac{8}{21}; \frac{1}{3}; \frac{3}{14}$

d) $\frac{11}{18}; \frac{13}{20}; \frac{8}{15}; \frac{5}{12}; \frac{19}{36}$

18. Gib zwei verschiedene Elemente der Lösungsmenge der Ungleichung in der Grundmenge $G = \mathbb{Q}_0^+$ an.

a) $\frac{1}{3} < x < \frac{2}{3}$

b) $\frac{4}{9} < x < \frac{5}{9}$

c) $\frac{3}{8} > x > \frac{3}{10}$

d) $\frac{1}{5} < \frac{1}{x} < \frac{1}{2}$

19. Bestimme diejenige Zahl, die genau in der Mitte zwischen den beiden angegebenen Zahlen liegt.

a) $\frac{2}{5}$ und $\frac{4}{5}$

b) $\frac{3}{5}$ und $\frac{4}{5}$

c) $\frac{5}{12}$ und $\frac{3}{4}$

d) $\frac{1}{2}$ und $\frac{5}{7}$

20. Von den 32 Schülern einer Klasse sind $\frac{3}{8}$ Jungen. Von diesen sind $\frac{2}{3}$ Auswärtige.

a) Wie viele Jungen sind in der Klasse?

b) Wie viele auswärtige Jungen hat die Klasse?

c) Wie groß ist der Bruchteil auswärtiger Jungen in der Klasse?

Rechnen mit Bruchzahlen

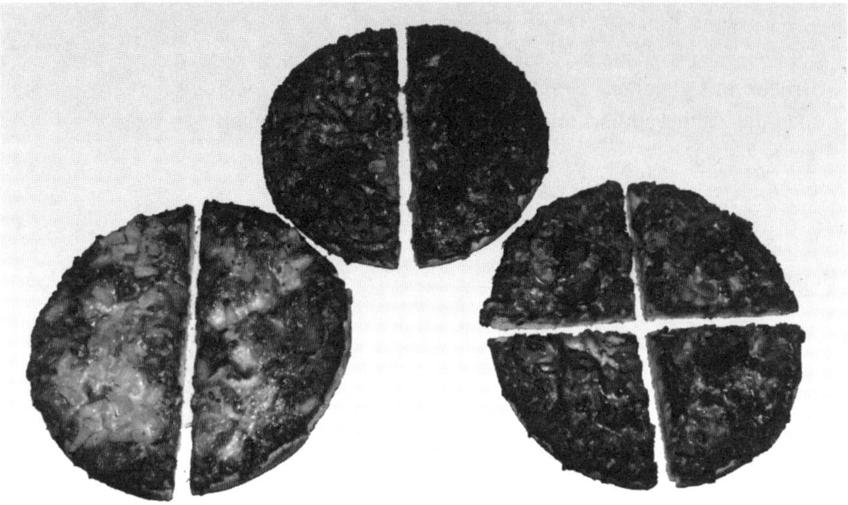

Vier Freunde bestellen im Restaurant drei Pizzas. Zwei Pizzas werden gleich serviert und vom Kellner jeweils in zwei Hälften gerecht geteilt.
Etwas später kommt die dritte Pizza. Auch sie wird gerecht auf die Freunde verteilt. Jeder erhält noch eine viertel Pizza.
Wieviel hat jeder der Freunde gegessen?
Ganz einfach: eine halbe und eine viertel Pizza, und das ergibt eine dreiviertel Pizza. In Kurzform: $\frac{1}{2} + \frac{1}{4} = \frac{3}{4}$

3 Addition und Subtraktion

3.1 Addition von Brüchen

Brüche mit gleichem Nenner (gleichnamige Brüche) werden addiert, indem man die Zähler addiert und den gleichen Nenner beibehält.

$\frac{a}{c} + \frac{b}{c} = \frac{a+b}{c}$ $\quad a, b \in \mathbb{N}_0; c \in \mathbb{N}$

Beispiele:

1. $\frac{3}{11} + \frac{5}{11} = \frac{3+5}{11} = \frac{8}{11}$
2. $\frac{7}{13} + \frac{11}{13} + \frac{10}{13} = \frac{7+11+10}{13} = \frac{28}{13} = 2\frac{2}{13}$
3. $2\frac{1}{3} + 5\frac{1}{3} + 6\frac{2}{3} = 2 + 5 + 6 + \frac{1+1+2}{3} = 13\frac{4}{3} = 14\frac{1}{3}$

Ungleichnamige Brüche müssen für die Addition gleichnamig gemacht werden. Man bestimmt dazu den kleinsten gemeinsamen Nenner, den Hauptnenner, d. h. das kgV der auftretenden Nenner.

Beispiele:

1. $\frac{1}{4} + \frac{5}{6} =$

   HN(4; 6) = kgV(4; 6) = 12

   $\frac{1}{4} + \frac{5}{6} = \frac{3}{12} + \frac{10}{12} = \frac{3+10}{12} = \frac{13}{12} = 1\frac{1}{12}$

2. $\frac{1}{2}+\frac{1}{3}+\frac{1}{4}+\frac{1}{5}=$

HN(2; 3; 4; 5) = 60

$$\frac{1}{2}+\frac{1}{3}+\frac{1}{4}+\frac{1}{5}=\frac{30}{60}+\frac{20}{60}+\frac{15}{60}+\frac{12}{60}=\frac{30+20+15+12}{60}=\frac{77}{60}=1\frac{17}{60}$$

3. $6\frac{1}{2}+5\frac{1}{6}=6\frac{3}{6}+5\frac{1}{6}=11\frac{4}{6}=11\frac{2}{3}$

Beachte: Im Ergebnis werden Brüche stets auf die Grundform gekürzt.

Aufgaben

21. Berechne:

a) $3\frac{5}{12}+5\frac{7}{12}=$

b) $8\frac{1}{2}+9\frac{3}{4}=$

c) $1\frac{11}{12}+\frac{3}{4}+\frac{1}{2}=$

d) $8\frac{1}{5}+2\frac{9}{20}+\frac{3}{10}=$

3.2 Permanenzprinzip und Rechengesetze

Da die Menge $\mathbb{N}$ der natürlichen in der Menge $\mathbb{Q}_0^+$ aller Brüche enthalten ist, müssen die Rechengesetze, die für die Zahlen in $\mathbb{N}$ gegolten haben auch in der Menge $\mathbb{Q}_0^+$ für diese Zahlen gelten.

Dies ist die Aussage des **Permanenzprinzips**.

Erweitert man eine Menge von Zahlen zu einer umfassenderen Menge, so müssen die Rechengesetze, die in der ursprünglichen Menge gegolten haben, auch in der neuen Menge gelten.

Aus dem Permanenzprinzip folgt, daß für die Addition von Bruchzahlen folgende Gesetze gelten.

Kommutativgesetz: $a + b = b + a;\ a, b \in \mathbb{Q}_0^+$

Assoziativgesetz: $(a + b) + c = a + (b + c);\ a, b, c \in \mathbb{Q}_0^+$

Anmerkung: Die Gesetze haben die gleiche Form wie in der 5. Klasse. Was sich geändert hat, ist der Zahlbereich für die Variablen.

Beispiel:

Addiere geschickt.

$$2\frac{1}{3} + 7\frac{1}{9} + 6\frac{2}{3} = \left(2\frac{1}{3} + 6\frac{2}{3}\right) + 7\frac{1}{9} = 8\frac{3}{3} + 7\frac{1}{9} = 9 + 7\frac{1}{9} = 16\frac{1}{9}$$

Aufgaben

22. Addiere geschickt.

a) $\frac{2}{3} + \frac{4}{5} + \frac{4}{3} =$

b) $5\frac{3}{4} + 12\frac{1}{3} + 6\frac{1}{4} =$

c) $3\frac{1}{7} + 2\frac{5}{9} + 5\frac{6}{7} + 8\frac{5}{9} =$

d) $2\frac{1}{3} + 1\frac{1}{4} + 1\frac{5}{6} + \frac{3}{4} =$

3.3 Subtraktion von Brüchen und Besonderheiten

Brüche mit gleichem Nenner (gleichnamige Brüche) werden subtrahiert, indem man die Zähler subtrahiert und den gleichen Nenner beibehält.

$$\frac{a}{c} - \frac{b}{c} = \frac{a - b}{c};\ a, b, \in \mathbb{N}_0;\ c \in \mathbb{N};\ a \geq b$$

Ungleichnamige Brüche müssen für die Subtraktion gleichnamig gemacht werden, d. h. auf den Hauptnenner erweitert werden.
Im Ergebnis werden die Brüche stets auf die Grundform gekürzt.

Beispiele:

1. $\frac{9}{20} - \frac{1}{4} = \frac{9}{20} - \frac{5}{20} = \frac{9-5}{20} = \frac{4}{20} = \frac{1}{5}$

2. $12\frac{4}{5} - 8\frac{5}{8} = 12\frac{32}{40} - 8\frac{25}{40} = 4\frac{7}{40}$

3. $4\frac{1}{2} - 1\frac{5}{6} = 4\frac{3}{6} - 1\frac{5}{6} = 3\frac{9}{6} - 1\frac{5}{6} = 2\frac{4}{6} = 2\frac{2}{3}$

Beachte: Ist in einer Subtraktionsaufgabe der Bruch im Minuenden kleiner als der Bruch im Subtrahenden, so wird im Minuend zusätzlich ein Ganzes umgewandelt.

4. $3\frac{1}{4} - 1\frac{5}{8} + 2\frac{1}{3} = 3\frac{6}{24} + 2\frac{8}{24} - 1\frac{15}{24} = 5\frac{14}{24} - 1\frac{15}{24} = 4\frac{38}{24} - 1\frac{15}{24} = 3\frac{23}{24}$

Besonderheiten
Für alle Zahlen a, b ∈ $\mathbb{Q}_0^+$ gilt:
(1) a – b ist nur definiert, wenn a ≥ b gilt.
(2) a – 0 = a
0 – 0 = 0
a – a = 0
(3) Für die Subtraktion gilt weder das Kommutativgesetz noch das Assoziativgesetz.
(4) Die Subtraktion ist die Umkehrung der Addition.

Beispiele:

1. $a + b = c \Rightarrow \begin{cases} a = c - b \\ b = c - a \end{cases}$

   Jede Additionsaufgabe hat zwei Subtraktionsproben.

2. $a - b = c \Rightarrow \begin{cases} a = c + b \\ b = a - c \end{cases}$

   Jede Subtraktionsaufgabe hat eine Additions- und eine Subtraktionsprobe.

Aufgaben

23. Berechne:

a) $6\frac{1}{5} - 2\frac{4}{5} =$

b) $8\frac{1}{2} - 5\frac{2}{3} =$

c) $20\frac{1}{4} - 19\frac{5}{6} =$

d) $17\frac{11}{12} - 12\frac{7}{8} =$

24. Berechne:

a) $12\frac{1}{6} + 3\frac{5}{8} - 2\frac{7}{12} =$

b) $\left(8\frac{1}{3} + 2\frac{1}{4}\right) - \left(1\frac{3}{4} + 4\frac{5}{6}\right) =$

c) $3\frac{1}{3} - \frac{3}{4} + 2\frac{5}{6} - 4\frac{1}{4} =$

d) $18\frac{1}{2} - 14\frac{2}{3} + 16\frac{1}{4} - 11\frac{3}{7} =$

4 Multiplikation und Division von Brüchen

4.1 Multiplikation von Brüchen und Rechengesetze

Ein Bruch wird mit einer natürlichen Zahl multipliziert, indem man den Zähler mit der Zahl multipliziert und den Nenner beibehält.

$\frac{a}{b} \cdot c = \frac{a \cdot c}{b}$; $a, c, \in \mathbb{N}_0$; $b \in \mathbb{N}$

Zwei Brüche werden miteinander multipliziert, indem man das Produkt der Zähler durch das Produkt der Nenner dividiert.

$\frac{a}{b} \cdot \frac{c}{d} = \frac{a \cdot c}{b \cdot d}$; $a, c, \in \mathbb{N}_0$; $b, d \in \mathbb{N}$

Vor der Ausrechnung der Produkte immer erst kürzen!

Beispiele:

1. $\frac{2}{5} \cdot 1 = \frac{2 \cdot 1}{5} = \frac{2}{5}$; $\frac{2}{5} \cdot 0 = \frac{2 \cdot 0}{5} = \frac{0}{5} = 0$

2. $\frac{13}{16} \cdot 32 = \frac{13 \cdot 32}{16} = \frac{13 \cdot 2}{1} = 26$

3. $6\frac{1}{14} \cdot 7 = \frac{85}{14} \cdot 7 = \frac{85 \cdot 7}{14} = \frac{85 \cdot 1}{2} = \frac{85}{2} = 42\frac{1}{2}$

4. $\left(4\frac{1}{2}\right)^2 = 4\frac{1}{2} \cdot 4\frac{1}{2} = \frac{9}{2} \cdot \frac{9}{2} = \frac{9 \cdot 9}{2 \cdot 2} = \frac{81}{4} = 20\frac{1}{4}$

5. $\frac{14}{15} \cdot 1\frac{3}{7} \cdot \frac{9}{10} = \frac{14}{15} \cdot \frac{10}{7} \cdot \frac{9}{10} = \frac{14 \cdot 10 \cdot 9}{15 \cdot 7 \cdot 10} = \frac{2 \cdot 1 \cdot 3}{5 \cdot 1 \cdot 1} = \frac{6}{5} = 1\frac{1}{5}$

In der Menge $\mathbb{Q}_0^+$ gelten wegen des Permanenzprinzips die folgenden Rechengesetze:

Kommutativgesetz: $a \cdot b = b \cdot a;\ a, b \in \mathbb{Q}_0^+$

Assoziativgesetz: $(a \cdot b) \cdot c = a \cdot (b \cdot c);\ a, b, c \in \mathbb{Q}_0^+$

Beispiele:

1. $\frac{5}{7} \cdot \frac{3}{8} = \frac{5 \cdot 3}{7 \cdot 8} = \frac{15}{56}$

   $\frac{3}{8} \cdot \frac{5}{7} = \frac{3 \cdot 5}{8 \cdot 7} = \frac{15}{56}$

2. $\left(\frac{2}{3} \cdot \frac{3}{4}\right) \cdot \frac{4}{5} = \left(\frac{2 \cdot 3}{3 \cdot 4}\right) \cdot \frac{4}{5} = \frac{1}{2} \cdot \frac{4}{5} = \frac{2}{5}$

   $\frac{2}{3} \cdot \left(\frac{3}{4} \cdot \frac{4}{5}\right) = \frac{2}{3} \cdot \left(\frac{3 \cdot 4}{4 \cdot 5}\right) = \frac{2}{3} \cdot \frac{3}{5} = \frac{2}{5}$

Aufgaben

25. Berechne:

a) $2\frac{2}{3} \cdot \frac{9}{16} =$

b) $3\frac{2}{5} \cdot 2\frac{2}{34} =$

c) $9\frac{7}{25} \cdot 2\frac{3}{29} =$

d) $9\frac{9}{11} \cdot 11\frac{11}{12} \cdot \frac{3}{26} =$

4.2 Division von Brüchen und Besonderheiten

Ein Bruch wird durch eine natürlichen Zahl dividiert, indem man den Nenner mit der Zahl multipliziert und den Zähler beibehält.

$\frac{a}{b} : c = \frac{a}{b \cdot c}$; $a \in \mathbb{N}_0$; $b, c \in \mathbb{N}$

Durch einen Bruch wird dividiert, indem man mit dem Kehrbruch multipliziert.

$\frac{a}{b} : \frac{c}{d} = \frac{a}{b} \cdot \frac{d}{c}$; $a \in \mathbb{N}_0$; $b, c, d \in \mathbb{N}$

Beispiele:

1. $\frac{4}{5} : 7 = \frac{4}{5 \cdot 7} = \frac{4}{35}$ oder: $\frac{4}{5} : 7 = \frac{4}{5} : \frac{7}{1} = \frac{4}{5} \cdot \frac{1}{7} = \frac{4 \cdot 1}{5 \cdot 7} = \frac{4}{35}$

   Beachte: Der Kehrbruch einer ganzen Zahl ist ein Stammbruch.

2. $\frac{77}{18} : \frac{35}{27} = \frac{77}{18} \cdot \frac{27}{35} = \frac{77 \cdot 27}{18 \cdot 35} = \frac{11 \cdot 3}{2 \cdot 5} = \frac{33}{10} = 3\frac{3}{10}$

3. $10\frac{8}{9} : 3\frac{13}{33} = \frac{98}{9} : \frac{112}{33} = \frac{98}{9} \cdot \frac{33}{112} = \frac{98 \cdot 33}{9 \cdot 112} = \frac{7 \cdot 11}{3 \cdot 8} = \frac{77}{24} = 3\frac{5}{24}$

4. $\frac{\frac{4}{3}}{\frac{8}{9}} = \frac{4}{3} : \frac{8}{9} = \frac{4}{3} \cdot \frac{9}{8} = \frac{4 \cdot 9}{3 \cdot 8} = \frac{1 \cdot 3}{1 \cdot 2} = \frac{3}{2} = 1\frac{1}{2}$

   Beachte: Doppelbrüche werden als Divisionen aufgelöst.

Besonderheiten

Für alle Zahlen $a \in \mathbb{Q}_0^+$ gilt:

(1) Die Division durch Null ist nicht erlaubt, d. h. $\frac{a}{0}$ ist nicht definiert.

(2) $\frac{a}{a} = a : a = 1$ $\quad \frac{a}{1} = a : 1 = a$ $\quad \frac{0}{a} = 0 : a = 0$

Beispiele:

1. $\frac{5}{5} = 1$
2. $\frac{5}{1} = 5$
3. $\frac{0}{5} = 0$
4. $\frac{5}{0}$ ist nicht ausführbar

Aufgaben

26. Berechne:

a) $\frac{99}{111} : 33 =$

b) $2\frac{9}{20} : 1\frac{3}{4} =$

c) $\left(1\frac{1}{2} : \frac{3}{5}\right) \cdot 1\frac{2}{5} =$

d) $\left(17\frac{1}{7} \cdot 1\frac{9}{26}\right) : 2\frac{3}{16} =$

5 Die Verbindung der vier Grundrechenarten

5.1 Distributivgesetz

Nach dem Permanenzprinzip gilt das Distributivgesetz:

Distributivgesetz: Für alle a, b, c $\in \mathbb{Q}_0^+$ gilt:

$a \cdot (b + c) = a \cdot b + a \cdot c \qquad a \cdot (b - c) = a \cdot b - a \cdot c$

$(a + b) \cdot c = a \cdot c + b \cdot c \qquad (a - b) \cdot c = a \cdot c - b \cdot c$

$(a + b) : c = a : c + b : c \qquad (a - b) : c = a : c - b : c$

Beispiele:

1. $\left(\frac{3}{8}+\frac{5}{2}\right)\cdot\frac{8}{5}=\frac{3}{8}\cdot\frac{8}{5}+\frac{5}{2}\cdot\frac{8}{5}=\frac{3\cdot 8}{8\cdot 5}+\frac{5\cdot 8}{2\cdot 5}=\frac{3\cdot 1}{1\cdot 5}+\frac{1\cdot 4}{1\cdot 1}=\frac{3}{5}+4=4\frac{3}{5}$

   oder:

   $\left(\frac{3}{8}+\frac{5}{2}\right)\cdot\frac{8}{5}=\left(\frac{3}{8}+\frac{20}{8}\right)\cdot\frac{8}{5}=\frac{23}{8}\cdot\frac{8}{5}=\frac{23\cdot 8}{8\cdot 5}=\frac{23\cdot 1}{1\cdot 5}=\frac{23}{5}=4\frac{3}{5}$

2. $\left(3\frac{3}{4}-1\frac{1}{3}+\frac{1}{2}\right):\frac{2}{3}=3\frac{3}{4}:\frac{2}{3}-1\frac{1}{3}:\frac{2}{3}+\frac{1}{2}:\frac{2}{3}=$

   $=\frac{15}{4}:\frac{2}{3}-\frac{4}{3}:\frac{2}{3}+\frac{1}{2}:\frac{2}{3}=\frac{15\cdot 3}{4\cdot 2}-\frac{4\cdot 3}{3\cdot 2}+\frac{1\cdot 3}{2\cdot 2}=\frac{45}{8}-2+\frac{3}{4}=$

   $=\frac{45}{8}+\frac{6}{8}-2=\frac{51}{8}-2=6\frac{3}{8}-2=4\frac{3}{8}$

   oder:

   $\left(3\frac{3}{4}-1\frac{1}{3}+\frac{1}{2}\right):\frac{2}{3}=\left(3\frac{9}{12}-1\frac{4}{12}+\frac{6}{12}\right):\frac{2}{3}=\left(3\frac{15}{12}-1\frac{4}{12}\right):\frac{2}{3}=$

   $=2\frac{11}{12}:\frac{2}{3}=\frac{35}{12}:\frac{2}{3}=\frac{35\cdot 3}{12\cdot 2}=\frac{35\cdot 1}{4\cdot 2}=\frac{35}{8}=4\frac{3}{8}$

Aufgaben

27. Berechne auf zwei verschiedene Arten.

a) $\left(2\frac{1}{4}+3\frac{1}{2}\right):\frac{1}{2}=$

b) $\left(\frac{5}{4}+\frac{1}{6}\right):\frac{17}{12}=$

c) $\left(4\frac{1}{3}+5\frac{5}{6}\right):5\frac{1}{12}=$

d) $\left(5\frac{1}{8}+5\frac{2}{3}\right)\cdot 2\frac{1}{4}=$

5.2 Terme

Rechenausdrücke, die aus Zahlen, Platzhaltern (Variablen), Rechenzeichen, Klammern etc. gebildet werden, heißen Terme. Die zuletzt ausgeführte Rechenart bestimmt die Art des Terms.

Beachte:

1. Was in Klammern steht, wird zuerst berechnet.

2. Punktrechnungen werden vor Strichrechnungen ausgeführt.

3. Was gerade nicht berechnet wird, wird unverändert abgeschrieben.

Beispiele:

1. Vergleiche:

a) $\frac{5}{2}-\frac{2}{3}\cdot\frac{3}{4}+\frac{4}{5}=\frac{5}{2}-\frac{1}{2}+\frac{4}{5}=\frac{4}{2}+\frac{4}{5}=2+\frac{4}{5}=2\frac{4}{5}$

b) $\frac{5}{2}-\left(\frac{2}{3}\cdot\frac{3}{4}+\frac{4}{5}\right)=\frac{5}{2}-\left(\frac{1}{2}+\frac{4}{5}\right)=\frac{5}{2}-\left(\frac{5}{10}+\frac{8}{10}\right)=\frac{5}{2}-\frac{13}{10}=$

$=\frac{25}{10}-\frac{13}{10}=\frac{12}{10}=1\frac{2}{10}=1\frac{1}{5}$

c) $\left(\frac{5}{2}-\frac{2}{3}\right)\cdot\left(\frac{3}{4}+\frac{4}{5}\right)=\left(\frac{15}{6}-\frac{4}{6}\right)\cdot\left(\frac{15}{20}+\frac{16}{20}\right)=\frac{11}{6}\cdot\frac{31}{20}=\frac{341}{120}=2\frac{101}{120}$

d) $\frac{5}{2}-\frac{2}{3}\cdot\left(\frac{3}{4}+\frac{4}{5}\right)=\frac{5}{2}-\frac{2}{3}\cdot\left(\frac{15}{20}+\frac{16}{20}\right)=\frac{5}{2}-\frac{2}{3}\cdot\frac{31}{20}=\frac{5}{2}-\frac{31}{30}=$

$=\frac{75}{30}-\frac{31}{30}=\frac{44}{30}=1\frac{14}{30}=1\frac{7}{15}$

e) $\left(\frac{5}{2}-\frac{2}{3}\right)\cdot\frac{3}{4}+\frac{4}{5}=\left(\frac{15}{6}-\frac{4}{6}\right)\cdot\frac{3}{4}+\frac{4}{5}=\frac{11\cdot 3}{6\cdot 4}+\frac{4}{5}=\frac{11}{8}+\frac{4}{5}=$

$=\frac{55}{40}+\frac{32}{40}=\frac{87}{40}=2\frac{7}{40}$

2. $2\frac{1}{2}\cdot\frac{3}{4}+\frac{3}{4}\cdot 18-3:1\frac{7}{8}=\frac{5\cdot 3}{2\cdot 4}+\frac{3\cdot 18}{4}-\frac{3\cdot 8}{15}=\frac{15}{8}+\frac{3\cdot 9}{2}-\frac{1\cdot 8}{5}=$

$=\frac{75}{40}+\frac{540}{40}-\frac{64}{40}=\frac{551}{40}=13\frac{31}{40}$

3. $\left(3\frac{3}{8}:4\frac{1}{2}-\frac{1}{2}\right)\cdot 5\frac{1}{3}+1\frac{2}{3}-\left(3-1\frac{7}{16}\right)=\left(\frac{27\cdot 2}{8\cdot 9}-\frac{1}{2}\right)\cdot\frac{16}{3}+1\frac{2}{3}-\left(2\frac{16}{16}-1\frac{7}{16}\right)=$

$=\left(\frac{3}{4}-\frac{1}{2}\right)\cdot\frac{16}{3}+1\frac{2}{3}-1\frac{9}{16}=\frac{1\cdot 16}{4\cdot 3}+1\frac{2}{3}-1\frac{9}{16}=\frac{4}{3}+1\frac{2}{3}-1\frac{9}{16}=3-1\frac{9}{16}=1\frac{7}{16}$

4. Dividiere den Quotienten der Zahlen $1\frac{5}{17}$ und $1\frac{21}{34}$ durch das Produkt der Zahlen $16\frac{2}{3}$ und $\frac{1}{5}$.

$\left(1\frac{5}{17}:1\frac{21}{34}\right):\left(16\frac{2}{3}\cdot\frac{1}{5}\right)=\left(\frac{22}{17}:\frac{55}{34}\right):\left(\frac{50}{3}\cdot\frac{1}{5}\right)=\frac{22\cdot 34}{17\cdot 55}:\frac{50\cdot 1}{3\cdot 5}=$

$=\frac{2\cdot 2}{1\cdot 5}:\frac{10\cdot 1}{3\cdot 1}=\frac{4}{5}:\frac{10}{3}=\frac{4\cdot 3}{5\cdot 10}=\frac{2\cdot 3}{5\cdot 5}=\frac{6}{25}$

5. Berechne den Termwert im Rechenbaum und gib den zugehörigen Term an.

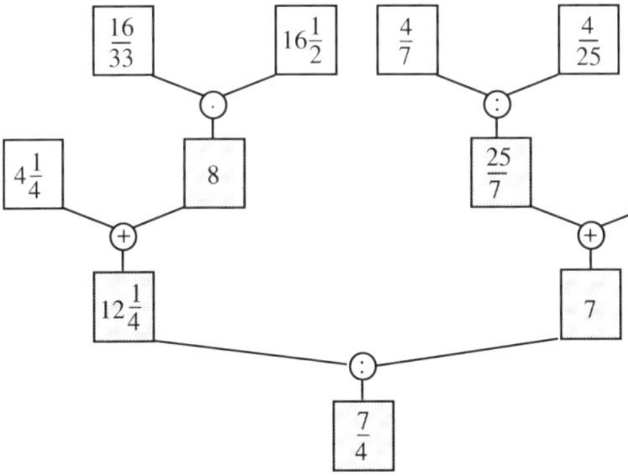

Die gerasterten Felder wurden berechnet.

Term:

$\left(4\frac{1}{4}+\frac{16}{33}\cdot 16\frac{1}{2}\right):\left(\frac{4}{7}:\frac{4}{25}+3\frac{3}{7}\right)=$

Aufgaben

28. Berechne die folgenden Termwerte.

a) $10\frac{8}{9} : \frac{35}{17} - 1\frac{9}{16} \cdot 1\frac{11}{45} + 5\frac{6}{9} : 10 =$

b) $\frac{77}{18} : \frac{35}{27} - \left(\frac{8}{15} + \frac{3}{10}\right) + \frac{23}{45} : \frac{1}{3} =$

c) $\left[\left(4\frac{1}{2} - 2 \cdot 1\frac{1}{3} + 1\frac{1}{3}\right) \cdot 10 - 6\frac{1}{3}\right] : \frac{20}{7} - 8\frac{2}{3} =$

d) $\left(3\frac{3}{8} : 4\frac{1}{2} - \frac{1}{2}\right) \cdot 5\frac{1}{3} + 2\frac{2}{3} - 7\frac{5}{8} : 3\frac{1}{20} =$

e) $5\frac{5}{18} - 1\frac{3}{4} \cdot \frac{4}{15} - 2\frac{2}{3} + 3\frac{5}{9} : 8 - 5\frac{3}{4} : 22\frac{1}{2} - 2 =$

f) $\left[\left(5\frac{1}{9} \cdot 1\frac{7}{23} - 4\frac{7}{8}\right) \cdot \frac{7}{43} + \frac{5}{8} \cdot \left(6 - 4\frac{1}{3}\right)\right] \cdot \frac{3}{4} =$

g) $\dfrac{\left(2\frac{2}{3} + \frac{3}{8}\right) : \frac{1}{2}}{\left(5\frac{2}{3} - 2\frac{5}{8}\right) \cdot \frac{1}{2}} =$

h) $\dfrac{4\frac{1}{10} + 6\frac{2}{5} - 9\frac{3}{4}}{1\frac{3}{5} + 8\frac{1}{10}} =$

29. Gib einen Gesamtansatz an und berechne:

a) Dividiere die Summe der Zahlen $1\frac{1}{8}$ und $1\frac{1}{6}$ durch die Differenz der Zahlen $2\frac{1}{4}$ und $1\frac{3}{20}$.

b) Subtrahiere vom Quotienten der Zahlen $10\frac{8}{9}$ und $3\frac{4}{15}$ das Produkt der Zahlen $1\frac{9}{16}$ und $\frac{56}{45}$.

c) Addiere zum Produkt aus $2\frac{1}{2}$ und $\frac{3}{4}$ das Produkt der Zahlen $\frac{3}{4}$ und 18 und subtrahiere vom Ergebnis den Quotienten aus 3 und $\frac{15}{8}$.

d) Multipliziere die Zahl $2\frac{1}{2}$ mit sich selbst und subtrahiere vom Ergebnis das Produkt aus der Differenz der Zahlen $2\frac{1}{6}$ und $1\frac{3}{4}$ sowie der Zahl $\frac{1}{4}$.

30. Zeichne einen Rechenbaum und berechne.

a) $\frac{4}{5}:\left[\left(\frac{5}{8}-\frac{1}{3}\right)\cdot 12\right]=$

b) $\left[\left(7\frac{3}{4}+\frac{1}{2}\right)-4\frac{2}{7}:\frac{5}{7}\right]:\frac{5}{6}+\left[\frac{7}{8}:1\frac{3}{4}\right]=$

c) $\left(1\frac{1}{5}+\frac{4}{5}\right)-\left(\frac{3}{4}:\frac{1}{2}-1\frac{1}{6}\right)=$

d) $\left(3\frac{7}{12}+2\frac{13}{15}\right)\cdot 1\frac{7}{18}-\frac{7}{12}:2\frac{4}{5}=$

31. Berechne im Rechenbaum und gib den zugehörigen Term an.

a)

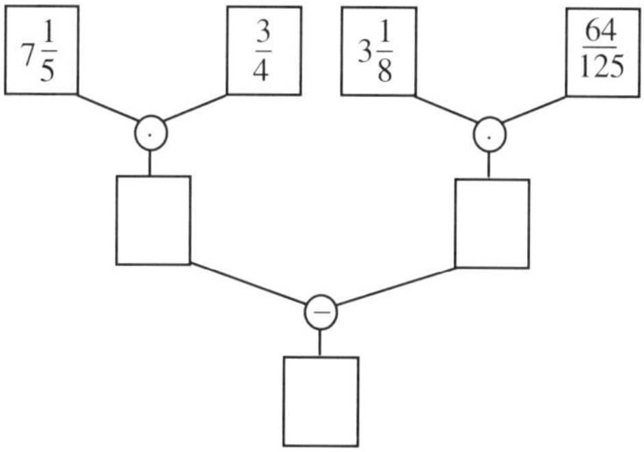

b)

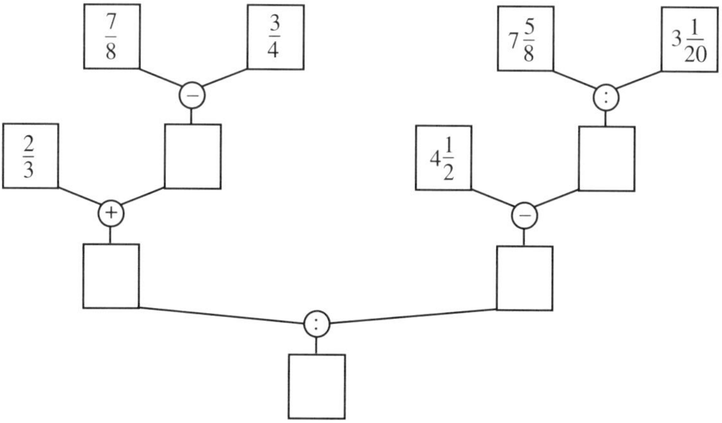

32. a) Gegeben ist der Term $T(a) = (a^3 + a) : a - 1$.
Gliedere den Term und berechne die Termwerte $T(\frac{1}{2})$ und $T(3\frac{1}{4})$.

b) Gegeben ist der Term $T(x) = (x^2 + 1) : 2 + x \cdot 2$.
Gliedere den Term und berechne die Termwerte $T(\frac{1}{3})$ und $T(2\frac{1}{2})$.

c) Gegeben ist der Term $T(c) = (10 + c) - 1 : c^2$. Gib die Art des Terms an und berechne die Termwerte $T(\frac{1}{3})$, $T(\frac{4}{5})$ und $T(1\frac{1}{2})$.

d) Gegeben ist der Term $T(y) = \frac{1 + y^2}{y^2 - 1}$. Gib die Art des Terms an und berechne die Termwerte $T(1\frac{2}{3})$, $T(\frac{3}{2})$ und $T(5\frac{1}{3})$.
Was kann man über den Termwert für y = 1 aussagen?

5.3 Gleichungen und Ungleichungen

Beim Lösen von Gleichungen und Ungleichungen geht man so vor, daß man durch Vereinfachen der Rechenausdrücke auf eine der folgenden acht Grundformen kommt. Diese werden durch die Umkehrung der Rechenart gelöst.

$x + a = b \Rightarrow x = b - a \; (a \leq b)$	$x \cdot a = b \Rightarrow x = \frac{b}{a} = b : a$
$a + x = b \Rightarrow x = b - a \; (a \leq b)$	$a \cdot x = b \Rightarrow x = \frac{b}{a} = b : a$
$x - a = b \Rightarrow x = a + b$	$x : a = b \Rightarrow x = b \cdot a$
$a - x = b \Rightarrow x = a - b \; (a \geq b)$	$a : x = b \Rightarrow x = \frac{a}{b} = a : b$

Beispiele:

Bestimme jeweils die Lösungsmenge L in $G = \mathbb{Q}_0^+$

1. $\frac{3}{4} \cdot x = \frac{7}{11}$

$$x = \frac{7}{11} : \frac{3}{4}$$

$$x = \frac{7 \cdot 4}{11 \cdot 3}$$

$$x = \frac{28}{33}$$

$$L = \left\{\frac{28}{33}\right\}$$

2. $x^2 = \frac{4}{9}$

Gesucht ist diejenige Zahl, die mit sich selbst multipliziert, den Wert $\frac{4}{9}$ besitzt.

$x = \frac{2}{3}$; weil $\frac{2}{3} \cdot \frac{2}{3} = \frac{2 \cdot 2}{3 \cdot 3} = \frac{4}{9}$ gilt.

$$L = \left\{\frac{2}{3}\right\}$$

3. $\frac{8}{5}x + \frac{9}{5} = 6\frac{3}{5}$

$$\frac{8}{5}x = 6\frac{3}{5} - \frac{9}{5}$$

$$\frac{8}{5}x = \frac{24}{5}$$

$$x = \frac{24}{5} : \frac{8}{5}$$

$$x = \frac{24 \cdot 5}{5 \cdot 8}$$

$$x = 3 \Rightarrow L = \{3\}$$

4. $\frac{15}{22} : x = 1\frac{7}{18}$

$$x = \frac{15}{22} : \frac{25}{18}$$

$$x = \frac{15 \cdot 18}{22 \cdot 25}$$

$$x = \frac{3 \cdot 9}{11 \cdot 5}$$

$$x = \frac{27}{55} \Rightarrow L = \left\{\frac{27}{55}\right\}$$

5. $4x < 4\frac{1}{4} - \frac{3}{8} - 2\frac{1}{2}$

$$4x < 4\frac{2}{8} - \frac{3}{8} - 2\frac{4}{8}$$

$$4x < \frac{11}{8}$$

$$x < \frac{11}{8} : 4$$

$$x < \frac{11}{32}$$

Da jetzt die Elemente der Lösungsmenge nicht aufgezählt werden können, verwendet man die **beschreibende Form** der Mengenschreibweise:

$$L = \left\{ x \mid x < \frac{11}{32} \text{ und } x \in \mathbb{Q}_0^+ \right\}$$

Gelesen: L ist die Menge aller Bruchzahlen x, für die gilt: $x < 4\frac{11}{32}$.

6. Mit welcher Zahl muß man $4\frac{1}{4}$ multiplizieren, um $38\frac{1}{4}$ zu erhalten? (Ansatz und Lösung!)

$$4\frac{1}{4} \cdot x = 28\frac{1}{4}$$

$$x = 38\frac{1}{4} : 4\frac{1}{4}$$

$$x = \frac{153 \cdot 4}{4 \cdot 17}$$

$$x = 9$$

Die gesuchte Zahl heißt 9.

Aufgaben

33. Bestimme jeweils die Lösungsmenge L in G = $\mathbb{Q}_0^+$.

a) $x : \left(\frac{1}{6} + 2\frac{1}{12}\right) = 3\frac{1}{4} : 1\frac{5}{8}$

b) $\left(1\frac{1}{2} + 1\frac{2}{5}\right) \cdot x = 3\frac{1}{2} - \frac{2}{5}$

c) $x - \left(7\frac{3}{8} - 5\frac{5}{12}\right) \cdot 1\frac{1}{2} = \left(1\frac{3}{4} + 1\frac{7}{16}\right) : 3$

d) $\left(6\frac{1}{9} - 3\frac{1}{15}\right) - x = 2\frac{3}{45}$

e) $x : \frac{5}{4} \leq 1\frac{11}{25}$

f) $2\frac{9}{19} \cdot x > 5\frac{2}{9}$

34. Stelle eine Gleichung auf und berechne:

a) Durch welche Zahl muß man die Summe der Zahlen $4\frac{1}{5}$ und $11\frac{5}{6}$ dividieren, um $\frac{13}{3}$ zu erhalten?

b) Welche Zahl ergibt mit sich selbst multipliziert die Zahl $5\frac{19}{25}$?

c) Mit welcher Zahl muß die Differenz der Zahlen $3\frac{5}{6}$ und $1\frac{3}{18}$ multiplizieren, um die Summe der Zahlen $4\frac{1}{2}$ und $2\frac{1}{3}$ zu erhalten?

d) Durch welche Zahl muß man das Produkt aus der Summe und der Differenz der Zahlen $3\frac{5}{6}$ und $1\frac{3}{18}$ dividieren, um das Produkt der beiden Zahlen zu erhalten?

e) Welche Zahl muß man mit der Summe der Quadrate der Zahlen $\frac{1}{3}$ und $\frac{1}{9}$ multiplizieren, um das Quadrat aus der Summe der beiden Zahlen zu erhalten?

f) Von welcher Zahl muß man die Summe der Zahlen $8\frac{2}{3}$ und $5\frac{1}{6}$ subtrahieren, um das Produkt dieser beiden Zahlen zu erhalten?

5.4 Sachaufgaben

Sachaufgaben sind Aufgaben, die einen Sachzusammenhang beschreiben, d. h. als Textaufgabe formuliert sind. Diese Aufgaben müssen besonders sorgfältig durchgelesen und durchdacht werden, damit die Abfolge der Rechenschritte und daraus der Gesamtansatz deutlich wird.

Beachte beim Lösen von Sachaufgaben

1. Lies die Aufgabe zuerst sorgfältig durch!
2. Überlege, was gesucht ist!
3. Zerlege die Aufgabe in Teilfragen und ordne diese in einer sinnvollen Reihenfolge!
4. Schreibe diese Reihenfolge als Gesamtterm hin!
5. Verwandle bei der Ausrechnung die Größen in sinnvolle Einheiten, die in der Gesamtrechnung dann weggelassen werden können!
6. Führe alle schwierigen Rechnungen als Nebenrechnung schriftlich durch!
7. Gib zu jeder Textaufgabe eine Antwort, die sich auf die gestellte Frage bezieht!

Beispiele:

1. Ein Gewinn von 480 DM wird wie folgt unter drei Freunden verteilt: Achim erhält 216 DM, Beate erhält 144 DM und Carsten den Rest. Welchen Bruchteil vom Gewinn erhält jeder?

Lösung:
Carsten erhält
480 DM – (216 DM + 144 DM) = 480 DM – 360 DM = 120 DM

Achim erhält $\frac{216}{480} = \frac{9}{20}$ des Gewinnes.

Beate erhält $\frac{144}{480} = \frac{3}{10}$ des Gewinnes.

Carsten erhält $\frac{120}{480} = \frac{1}{4}$ des Gewinnes.

2. Eine Strecke wird auf beiden Seiten um je $\frac{1}{6}$ ihrer Länge verkleinert. Das Quadrat über der neuen Seite hat den Flächeninhalt 36 cm^2.
Wie lang ist die ursprüngliche Strecke? (x-Ansatz und Lösung)

Lösung:
x sei die Länge der ursprünglichen Strecke: Beachte: $x = 1 \cdot x = \frac{6}{6} \cdot x$.
Dann gilt für die neue Strecke $x - \frac{1}{6} \cdot x - \frac{1}{6} \cdot x = \frac{4}{6} \cdot x = \frac{2}{3} \cdot x$.
Das das Quadrat den Flächeninhalt 36 cm^2 besitzt, muß die Quadratseite die Länge 6 cm besitzen.

$$\frac{2}{3} \cdot x = 6$$
$$x = 6 : \frac{2}{3}$$
$$x = \frac{6 \cdot 3}{2} = 9$$

Die ursprüngliche Länge der Strecke betrug 9 cm.

Ausführlicher Ansatz:

$$\left(x - \frac{1}{6} \cdot x - \frac{1}{6} \cdot x\right)^2 = 36$$
$$x - \frac{1}{6} \cdot x - \frac{1}{6} \cdot x = 6$$
$$\frac{2}{3} \cdot x = 6$$
$$\ldots$$

3. In der neuen Preisliste kostet ein Auto 25 200 DM. Dieser Preis ist um $\frac{5}{100}$ höher als in der letzten Preisliste. Wieviel kostet das Auto dort?

Lösung:
Der Preis des Autos sei x. **Beachte:** $\mathbf{x = \frac{100}{100} \cdot x}$.

$$x + \frac{5}{100} \cdot x = 25\,200$$
$$\frac{105}{100} \cdot x = 25\,200$$
$$x = 25\,200 : \frac{105}{100}$$
$$x = \frac{25\,200 \cdot 100}{105}$$
$$x = 24\,000$$

In der letzten Preisliste kostete das Auto 24 000 DM.

4. Nach einer Überschwemmung pumpt die Feuerwehr einen Keller leer. Am Vormittag schafft sie $\frac{2}{3}$ der gesamten Wassermenge. Nach der Mittagspause werden $\frac{4}{5}$ des Restes abgepumpt. Das sind 20 hl. Wie viele Hektoliter Wasser waren im Keller?

Lösung:
Rest: $\frac{1}{3} \cdot x$

$$\frac{4}{5} \cdot \frac{1}{3} \cdot x = 20$$
$$\frac{4}{15} \cdot x = 20$$
$$x = 20 : \frac{4}{15}$$
$$x = \frac{20 \cdot 15}{4} = 75$$

Die ursprüngliche Wassermenge betrug 75 hl.

Aufgaben

35. Die Preise in der Bundesrepublik Deutschland sind in einem Monat um $\frac{3}{100}$ im Vergleich zu dem Monat des Vorjahres gestiegen. Wieviel kostete im Monat des Vorjahres ein Mantel, wenn er in diesem Monat 515 DM kostet?

36. Eine Strecke wird auf beiden Seiten um je $\frac{1}{9}$ ihrer Länge vergrößert. Das Quadrat über der neuen Seite hat den Flächeninhalt 121 cm^2. Wie lang war die ursprüngliche Strecke?

37. Ein Lottogewinn von 10 500 DM wird wie folgt unter drei Geschwistern verteilt: Anna erhält $\frac{1}{3}$ des Gewinns, Bruno $\frac{2}{5}$ und Carmen den Rest.
a) Welchen Bruchteil des Gewinns erhält Carmen?
b) Wieviel Geld bekommt jeder?

38. Herr Mayer erbt 180 000 DM. $\frac{3}{4}$ des Geldes zahlt er aufs Sparbuch ein. $\frac{9}{20}$ des restlichen Geldes schenkt er seiner Tochter. Wie groß sind die Beträge und welcher Bruchteil der Erbschaft bleibt für ihn übrig?

39. Ein Pfahl steckt mit $\frac{1}{3}$ seiner Länge im Grund eines Teiches. $\frac{7}{18}$ seiner Länge sind von Wasser benetzt. 35 cm schauen aus dem Wasser heraus.
a) Wie lang ist der Pfahl?
b) Wie lang sind die Stücke des Pfahles im Grund bzw. im Wasser?

40. Eine Grundstücksfläche ist 2 124 m^2 groß. $\frac{1}{3}$ der Fläche ist Garten, $\frac{7}{12}$ der Fläche Rasen. Den Rest bedecken Gebäude. Welcher Bruchteil der Gesamtfläche ist dieser Rest und wie groß ist diese Fläche?

41. Ein Ziegelstein hat die Form eines Quaders. Die Länge beträgt $2\frac{1}{2}$ dm, die Breite $1\frac{1}{5}$ dm. Wie hoch muß der Ziegelstein sein, wenn seine Oberfläche $11\frac{23}{25}$ dm^2 beträgt.

42. Eine Durchschnittsfamilie gibt $\frac{7}{20}$ ihres Einkommens für Nahrung, $\frac{7}{50}$ für Kleidung, $\frac{3}{10}$ für Wohnungsmiete und $\frac{1}{25}$ für Heizung und Strom aus.
Welcher Bruchteil und welcher Betrag bleiben bei einem Monatseinkommen von 4 000 DM für weitere Ausgaben übrig?

43. In einer Klasse sind $\frac{2}{3}$ der Schüler Fahrschüler, $\frac{4}{5}$ der Fahrschüler, nämlich 16, benutzen den Stadtbus. Wie viele Schüler hat die Klasse und welcher Bruchteil benutzt den Stadtbus?

44. In einer Schule befinden sich $\frac{7}{24}$ aller Schüler und Schülerinnen in der Unterstufe, $\frac{23}{72}$ in der Mittelstufe und der Rest von 210 Schüler und Schülerinnen in der Oberstufe.
Wie viele Schüler zählt die gesamte Schule?

45. Hans hat 336 DM in seiner Sparbüchse. $\frac{2}{7}$ davon verwendet er für ein Geburtstagsgeschenk. Außerdem kauft er sich ein Buch für 24 DM.
Welchen Bruchteil des ersparten Geldes besitzt er jetzt noch?

46. Schinken verliert beim Räuchern $\frac{3}{26}$ seines Gewichtes. Ein roher Schinken wiegt $10\frac{2}{5}$ kg. Wieviel wiegt er nach dem Räuchern?

47. Eine Weinhändlerin zapft aus einem vollen Faß zuerst $\frac{7}{15}$ des Inhalts, danach nochmals 5 Liter. Jetzt ist das Faß noch halb voll.
Wie viele Liter waren im vollen Faß?

Dezimalbrüche

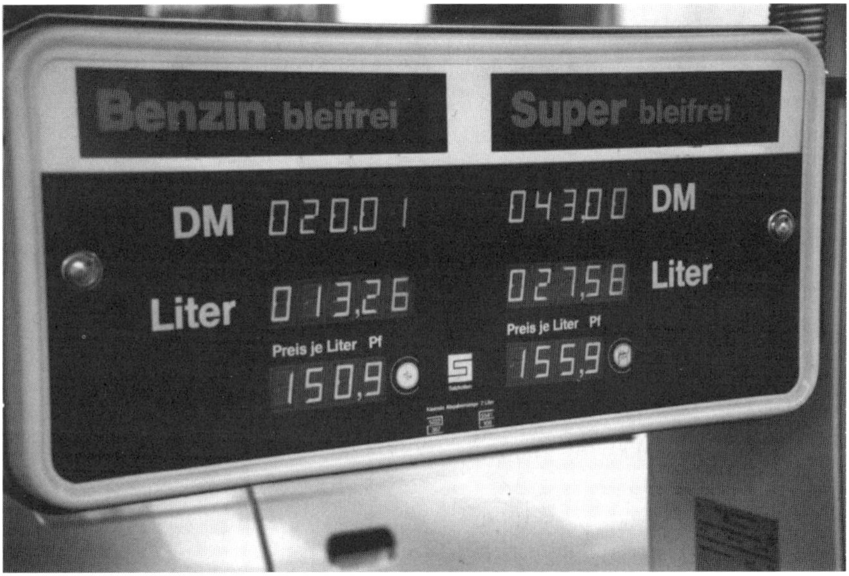

Täglich machst du mathematische Erfahrungen, die dir vielleicht nicht immer bewußt sind.
Was kosten zum Beispiel 20 ℓ bleifreies Benzin? Wieviel ℓ Benzin bekommt man für 30 DM? ...

6 Dezimale Schreibweise bei Zehnerbrüchen

6.1 Dezimalbrüche

Von früher kennt man die Schreibweise 7,385 m. Darin bedeuten die einzelnen Ziffern:

7,385 m = 7 m 3 dm 8 cm 5 mm. Dabei gilt:

1 dm = ein Zehntel (z) Meter = $\frac{1}{10}$ m

1 cm = ein Hundertstel (h) Meter = $\frac{1}{100}$ m

1 mm = ein Tausendstel (t) Meter = $\frac{1}{1000}$ m

$$7{,}385\text{ m} = 7\text{ m} + \frac{3}{10}\text{ m} + \frac{8}{100}\text{ m} + \frac{5}{1000}\text{ m} =$$

$$= 7\text{ m} + \frac{300}{1000}\text{ m} + \frac{80}{1000}\text{ m} + \frac{5}{1000} =$$

$$= 7\text{ m} + \frac{385}{1000}\text{ m} = 7\frac{385}{1000}\text{ m}$$

Diese Schreibweise verallgemeinert man auf reine Zahlen.

An der 1. Stelle nach dem Komma stehen die **Zehntel (z)**.
An der 2. Stelle nach dem Komma stehen die **Hundertstel (h)**.
An der 3. Stelle nach dem Komma stehen die **Tausendstel (t)**.
An der 4. Stelle nach dem Komma stehen die **Zehntausendstel (zt)**. usw.
Die Bedeutung der Stellen vor dem Komma bleibt unverändert.

$$\ldots \text{ZT T H Z E , } \underbrace{\text{z h t zt ht m} \ldots}_{\text{Dezimalteil}}$$

$$13{,}489 = 1\,Z + 3\,E + 4\,z + 8\,h + 9\,t = 13 + \frac{4}{10} + \frac{8}{100} + \frac{9}{1000} =$$

$$= 13 + \frac{400}{1000} + \frac{80}{1000} + \frac{9}{1000} = 13\frac{489}{1000}$$

13,489 heißt ein **Dezimalbruch (Zehnerbruch)** oder eine **Dezimalzahl**.

Jeder Dezimalbruch entspricht einem gewöhnlichen Zehnerbruch. Der Nenner ist eine Stufenzahl mit so vielen Nullen, wie der Dezimalteil Stellen besitzt. Der Zähler ist der Dezimalteil. Dezimalbrüche mit der gleichen Zahl von Dezimalstellen heißen **gleichnamig**.

Beispiele:

1. $0,37 = \frac{37}{100}$
2. $1,5034 = 1\frac{5034}{10000}$
3. $88,10001 = 88\frac{10001}{100000}$
4. Wichtige Dezimalbrüche:
   $0,5 = \frac{1}{2}$; $0,25 = \frac{1}{4}$; $0,75 = \frac{3}{4}$
   $0,125 = \frac{1}{8}$; $0,375 = \frac{3}{8}$; $0,625 = \frac{5}{8}$; $0,875 = \frac{7}{8}$
5. $\frac{7}{10} = 0,7$; $\frac{70}{100} = 0,70$; $\frac{700}{1000} = 0,700$ usw. alle Brüche besitzen den gleichen Wert.

   Beachte: Am Ende eines Dezimalbruches dürfen beliebig viele Nullen angehängt werden, ohne daß sich der Wert des Dezimalbruches ändert.

Aufgaben

48. Schreibe als Zehnerbruch:

a) 144,89 =

b) 61,4005 =

c) 0,0001 =

d) 44,1 =

6.2 Kommaschreibweise bei Größen

Geldbeträge

1 DM = 100 Pf; 10 Pf = $\frac{1}{10}$ DM = 0,1 DM; 1 Pf = $\frac{1}{100}$ DM = 0,01 DM

Die Umrechnungszahl von Pf in DM ist 100 (2 Stellen).

Beispiele:

1. $8\text{ DM }\ 26\text{ Pf} = 8\text{ DM} + \frac{2}{10}\text{ DM} + \frac{6}{100}\text{ DM} =$

   $= 8\text{ DM} + \frac{26}{100}\text{ DM} = 8{,}26\text{ DM}$

2. $5{,}04\text{ DM} = 5\text{ DM} + \frac{4}{100}\text{ DM} = 5\text{ DM }\ 4\text{ Pf}$

Gewichte

1 t = 1 000 kg; 1 kg = 1 000 g; 1 g = 1 000 mg

1 mg = $\frac{1}{1\,000}$ g = 0,001 g; 1 g = $\frac{1}{1\,000}$ kg = 0,001 kg; 1 kg = $\frac{1}{1\,000}$ t = 0,001 t

Die Umrechnungzahl von einer Einheit in die andere ist 1 000 (3 Stellen).

Beispiele:

1. $5{,}324\text{ kg} = 5\text{ kg} + \frac{324}{1000}\text{ kg} = 5\text{ kg }\ 324\text{ g}$

2. $5\,038\text{ kg} = 5\text{ t} + \frac{38}{1000}\text{ t} = 5{,}038\text{ t}$

3. $6{,}4\text{ g} = 6\text{ g} + \frac{4}{10}\text{ g} = 6\text{ g} + \frac{400}{1000}\text{ g} = 6\text{g }\ 400\text{ mg}$

Längen

1 km = 1 000 m; 1 m = 10 dm = 100 cm = 1 000 mm

$$1\text{ mm} = \frac{1}{10}\text{ cm} = \frac{1}{100}\text{ dm} = \frac{1}{1\,000}\text{ m} \quad \Rightarrow \begin{cases} 1\text{ mm} = 0{,}1\text{ cm} \\ 1\text{ mm} = 0{,}01\text{ dm} \\ 1\text{ mm} = 0{,}001\text{ m} \end{cases}$$

$$1\text{ cm} = \frac{1}{10}\text{ dm} = \frac{1}{100}\text{ m} \quad \Rightarrow \begin{cases} 1\text{ cm} = 0{,}1\text{ dm} \\ 1\text{ cm} = 0{,}01\text{ m} \end{cases}$$

$$1\text{ dm} = \frac{1}{10}\text{ m} \quad \Rightarrow \quad 1\text{ dm} = 0{,}1\text{ m}$$

Die Umwandlungszahl von einer Einheit in die andere ist von mm bis m 10 (1 Stelle), von m bis km 1 000 (3 Stellen).

Beispiele:

1. Gib mehrfach benannt an: 14,315 m = 14 m 3 dm 1 cm 5 mm
2. Schreibe als Kommazahl in
   a) dm: 140 m 3 dm 4 mm = 1 403,04 dm
   b) km: 5 km 20 m = 5,020 km

Zeiten

1 Jahr (a) = 365 Tage (d)
1 Tag = 24 Stunden (h)
1 Stunde = 60 min
1 min = 60 s

$$1\text{ s} = \frac{1}{60}\text{ min} \qquad 1\text{ min} = \frac{1}{60}\text{ h}$$

Die Umwandlungszahl von einer Einheit zur anderen beträgt von s bis h 60.

Beispiele:

1. Schreibe als Kommazahl in h:
   $1\text{ h } 12\text{ min} = 1\text{ h} + \frac{12}{60}\text{ h} = 1\text{ h} + \frac{1}{5}\text{ h} = 1\text{ h} + \frac{2}{10}\text{ h} = 1{,}2\text{ h}$
2. Gib in Minuten an: $0{,}6\text{ h} = 0{,}6 \cdot 60\text{ min} = 36\text{ min}$
3. Gib in Stunden an: $846\text{ min} = 846 \cdot \frac{1}{60}\text{ h} = \frac{846}{60}\text{ h} = 14{,}1\text{ h}$

Flächenmaße

Die Umrechnungszahl von einer Flächeneinheit in die andere beträgt 100, d. h. für jede Einheit benötigt man **zwei** Stellen.

$1\text{ km}^2 = 100\text{ ha} \Rightarrow 1\text{ ha} = \frac{1}{100}\text{ km}^2 = 0{,}01\text{ km}^2$

$1\text{ ha} = 100\text{ a} \Rightarrow 1\text{ a} = \frac{1}{100}\text{ ha} = 0{,}01\text{ ha}$

$1\text{ a} = 100\text{ m}^2 \Rightarrow 1\text{ m}^2 = \frac{1}{100}\text{ a} = 0{,}01\text{ a}$

$1\text{ m}^2 = 100\text{ dm}^2 \Rightarrow 1\text{ dm}^2 = \frac{1}{100}\text{ m}^2 = 0{,}01\text{m}^2$

$1\text{ dm}^2 = 100\text{ cm}^2 \Rightarrow 1\text{ cm}^2 = \frac{1}{100}\text{ dm}^2 = 0{,}01\text{ dm}^2$

$1\text{ cm}^2 = 100\text{ mm}^2 \Rightarrow 1\text{ mm}^2 = \frac{1}{100}\text{ cm}^2 = 0{,}01\text{ cm}^2$

Anschaulich:
1 dm² = 100 cm²
1 cm² = 100 mm²

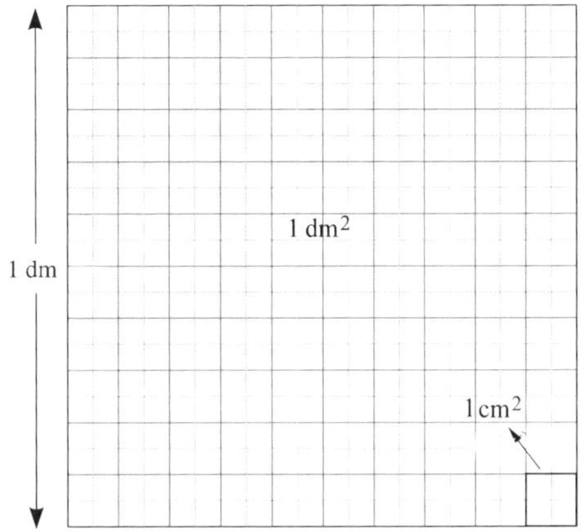

Beispiele:

Tabelle

	km²			ha		a		m²		dm²		cm²		mm²	
...	H	Z	E	Z	E	Z	E	Z	E	Z	E	Z	E	Z	E
1.				1	4	0	5								
2.									1	2	0	0	3		
3.		1	0	1	0	1	0								

1. 14 ha 5 a = 14,05 ha = 1 405 a
2. 1 m^2 20 dm^2 3 cm^2 = 1,2003 m^2 = 120,03 dm^2 = 12 003 cm^2
3. 10 km^2 10 ha 10 a = 10,1010 km^2 = 1 010,10 ha = 101 010 a

Aufgaben

49. Gib mehrfach benannt an.

a) 28,05 DM =
b) 13,028 kg =
c) 1,0438 ha =
d) 4,04 m^2 =
e) 8,25 h =
f) 14,03 m =
g) 0,0315 t =
h) 0,011 ha =

50. Schreibe als Kommazahl (Dezimalzahl) in

a) a: 6 ha 4 a 8 m^2 =
b) km: 104 m 3 cm =
c) t: 1 t 5 kg 10 g =
d) m^2: 1 km^2 1 dm^2 =
e) h: 132 min =
f) DM: 1 586 Pf =
g) ha: 1 km^2 7 ha 3 a =
h) min: 1 h 18 min 48 s =

6.3 Runden von Dezimalbrüchen

In vielen Fällen benötigt man bei Dezimalbrüchen nur eine bestimmte Anzahl von Stellen. Sind mehr Stellen vorhanden, so rundet man.

Bei Dezimalstellen wird so gerundet wie bei ganzen Zahlen.

Beispiel:

1. Runde auf
   t (3 D): 4,8365 ≈ 4,837 — 3 D bedeutet: Runde auf 3 Dezimalen
   h (2 D): 4,8365 ≈ 4,84
   z (1 D): 4,8365 ≈ 4,8
   E (0 D): 4,8365 ≈ 5
   h (2 D): 6,00499 ≈ 6,00 — Da auf zwei Stellen nach dem Komma gerundet wird, muß man die beiden Ziffern 00 schreiben.
   t (3 D): 788,00954 ≈ 788,010
   z (1 D): 18,069 ≈ 18,1

2. Jeder gerundete Dezimalbruch umfaßt unendlich viele Bruchzahlen aus $\mathbb{Q}_0^+$. 1,2 ist ein gerundeter Dezimalbruch. Welche Zahlen x umfaßt dieser Bruch?
   $\Rightarrow \{x \mid 1{,}15 \leq x < 1{,}25\}$

   Beachte: Gerundete Dezimalbrüche sind Näherungswerte. Solche Näherungswerte entstehen auch bei Dezimalbrüchen, die aus Messungen gewonnen werden.

Aufgaben

51. Runde:

a) auf z: 16,9888 ≈

b) auf h: 37,4949 ≈

c) auf t: 28,3663 ≈

d) auf zt: 0,00495 ≈

52. Gib alle Zahlen x an, die nach Rundung die folgende Zahl ergeben.

a) 4,25

b) 19,613

c) 8,1

d) 6

7 Die vier Grundrechenarten mit Dezimalbrüchen

7.1 Addition und Subtraktion von Dezimalbrüchen

Dezimalbrüche werden addiert oder subtrahiert, indem man die Dezimalen gleichen Stellenwertes addiert oder subtrahiert. Dazu werden die Dezimalbrüche durch Anhängen von Nullen gleichnamig gemacht.

Beispiele:

1. 14,815 + 13,2 + 14,815 + 13,200 = 28,015
   oder:

$$\begin{array}{rr} & 14{,}815 \\ + & \underline{13{,}200} \\ & 28{,}015 \end{array}$$

   Beachte: Die Dezimalbrüche werden so aufgeschrieben, daß Komma unter Komma steht. Dann wird addiert bzw. subtrahiert wie bei ganzen Zahlen.

2. 3,2 + 0,825 + 13,41 + 17,03 = 3,200 + 0,825 + 13,410 + 17,030 = 34,365
   oder:

$$\begin{array}{rr} & 3{,}200 \\ & 0{,}825 \\ & 13{,}410 \\ + & \underline{17{,}030} \\ & 34{,}465 \end{array}$$

3. 44,1 – 25,398 = 44,100 – 25,398 = 18,702
   oder:

$$\begin{array}{rr} & 44{,}100 \\ - & \underline{25{,}398} \\ & 18{,}702 \end{array}$$

4. Addiere die **gerundeten** Dezimalbrüche 4,16 und 6,1498.
$4{,}16 + 6{,}1498 = 10{,}3098 \approx 10{,}31$

Beachte: Nach der Addition (Subtraktion) gerundeter Dezimalbrüche wird das Ergebnis auf die kleinste bei einer Zahl auftretende Anzahl von Dezimalstellen gerundet. Im Beispiel sind dies die zwei Stellen in 4,16.

Aufgaben

53. Berechne:

a) $7{,}349 + 4{,}08 + 9{,}9 + 2{,}94 =$

b) $10{,}45321 - 0{,}953 =$

c) $7{,}3 + \frac{1}{2} + 6{,}44 + 1\frac{5}{8} =$

d) $(88{,}43 - 5{,}1) - (77{,}44 - 22{,}388) =$

e) $581{,}66 - (22{,}761 + 86{,}52) - (98{,}9 - 93{,}645) =$

f) $70{,}365 - [(36{,}501 - 0{,}11) - (212{,}2 - 198{,}76)] =$

7.2 Multiplikation von Dezimalbrüchen

Ein Dezimalbruch wird mit einer natürlichen Zahl multipliziert, indem man ohne Rücksicht auf das Komma multipliziert und dem Produktwert so viele Dezimalstellen gibt, wie sie der Dezimalbruch besitzt.

Beispiele:

1. $0{,}6 \cdot 7 = \frac{6}{10} \cdot 7 = \frac{42}{10} = 4\frac{2}{10} = 4{,}2$

2. $3{,}041 \cdot 5 = \frac{3041}{1000} \cdot 5 = \frac{15205}{1000} = 15^{205}$

3. $\underline{8{,}416 \cdot 28}$

$$\begin{array}{r} 16\,832 \\ 6\,7328 \\ \hline 236{,}648 \end{array}$$

Ein Dezimalbruch wird mit einer Stufenzahl multipliziert, indem man das Komma um so viele Stellen nach rechts verschiebt, wie die Stufenzahl Nullen besitzt.

4. $0,45 \cdot 10 = 4,5$
   $6,435 \cdot 100 = 643,5$
   $1,84 \cdot 1000 = 1840$
   usw.

Dezimalbrüche werden miteinander multipliziert, indem man ohne Rücksicht auf das Komma multipliziert, und dem Produktwert so viele Dezimalstellen gibt, wie sie die Faktoren zusammen besitzen.

Anmerkung: Bei der Multiplikation gerundeter Dezimalbrüche verfährt man bei der Rundung des Ergebnisses so wie im Beispiel 4 zu 7.1.

Beispiele:

1. $\underline{75,36 \cdot 14,1}$

$$\begin{array}{r} 7536 \\ 30144 \\ 7536 \\ \hline 1062,576 \end{array}$$

2. $\underline{212,4 \cdot 0,438}$

$$\begin{array}{r} 8496 \\ 6372 \\ 16992 \\ \hline 93,0312 \end{array}$$

3. Vergleiche:

$$\left.\begin{array}{l} 212,4 \cdot 0,438 \\ 21,24 \cdot 4,38 \\ 2,124 \cdot 43,8 \\ 0,2124 \cdot 438 \end{array}\right\} = 93,0312$$

Nach der Definition der Multiplikation ergibt sich jeweils der gleiche Wert. Man nennt diesen Vorgang **ausgleichende Kommaverschiebung**.

4. Das Verfahren der ausgleichenden Kommaverschiebung wendet man zur Schätzung von Produktwerten an, z. B.
   $65{,}4 \cdot 0{,}034 \approx 0{,}654 \cdot 3{,}4 \approx 0{,}6 \cdot 3 = 1{,}8$

Aufgaben

54. Berechne:

a) $28{,}143 \cdot 17{,}01 =$ b) $44{,}44 \cdot 0{,}044 =$

c) $169{,}1 \cdot 13{,}45 =$ d) $9{,}99 \cdot 0{,}111 =$

e) Schätze mit der ausgleichenden Kommaverschiebung: $618{,}3416 \cdot 0{,}0058$

7.3 Division von Dezimalbrüchen und unendliche Dezimalbrüche

Ein Dezimalbruch wird durch eine natürliche Zahl so dividiert wie bei der Division von natürlichen Zahlen. Beim Überschreiben des Kommas im Dividenden, d. h. vor dem "Herunterholen" der Zehntel (z) wird im Quotientenwert das Komma gesetzt.

Beispiele:

1. 22,96 : 7 = 3,28
```
22,96 : 7 = 3,28
21
 19
 14
  56
  56
   0
```

2. $925{,}2 : 36 = 25{,}7$

```
925,2 : 36 = 25,7
72
205
180
 252
 252
   0
```

3. $7 : 125 = 7{,}000... : 125 = 0{,}056$

```
7 : 125 = 7,000... : 125 = 0,056
                   0
                   70
                    0
                   700
                   625
                    750
                    750
                      0
```

> Durch einen Dezimalbruch wird wie folgt dividiert.
> Man verschiebt durch ausgleichende Kommaverschiebung das Komma in Dividend und Divisor um gleich viele Stellen nach rechts, bis der Divisor eine natürliche Zahl wird. Dann wird durch diese natürliche Zahl dividiert.

Anmerkung: Bei der Division von gerundeten Dezimalbrüchen verfährt man bei der Rundung des Quotientenwertes so wie im Beispiel 4 zu 7.1.

Beispiele:

1. $22{,}0792 : 3{,}86 = 2207{,}92 : 386 = 5{,}72$

```
22,0792 : 3,86 = 2207,92 : 386 = 5,72
                 1930
                  2779
                  2702
                    772
                    772
                      0
```

2. $264{,}61 : 4{,}7 = 2646{,}1 : 47 = 56{,}3$

```
                  235
                   296
                   282
                    141
                    141
                      0
```

> Führen Divisionen zu keinem Ende, so spricht man von einem **unendlichen Dezimalbruch**. Kehrt eine Ziffergruppe immer wieder, so heißt der unendliche Dezimalbruch **periodisch,** die Zifferngruppe **Periode**.

Beispiele:

1. $3 : 8 = 3{,}000 : 8 = 0{,}375$ — **endlicher** Dezimalbruch

```
            0
            30
            24
             60
             56
              40
              40
               0
```

2. $1 : 3 = 1{,}000\ldots : 3 = 0{,}333\ldots = 0{,}\overline{3}$ — **rein periodischer unendlicher** Dezimalbruch mit der Periodenlänge 1

```
           0
           10
            9
            10
             9
             10...
```

3. $1 : 7 = 1{,}000\ldots : 7 = 0{,}\underline{142867}142\ldots$ — **rein periodischer unendlicher** Dezimalbruch mit der Periodenlänge 6

$\ldots \qquad = 0{,}142857$

4. $19{,}4 : 27 = 0{,}718518... = 0{,}7\overline{185}$

```
 0
194
189
  50
  27
 230
 216
  140
  135
    50
    27
   230
   ...
```

gemischt periodischer unendlicher Dezimalbruch

Aufgaben

55. Berechne:

a) 897,6 : 17 =

b) 721,204 : 16,28 =

c) 91,118 : 0,145 =

d) 102,96 : 1,584 =

e) 22 : 7 =

f) 624,4 : 18 =

7.4 Umwandlung eines Bruches in einen Dezimalbruch

Ein Bruch wird in einen Dezimalbruch umgewandelt, indem man den Zähler durch den Nenner dividiert.

Hat der Nenner eines gekürzten Bruches nur die Primfaktoren 2 und 5, so läßt er sich in einen endlichen Dezimalbruch umwandeln.

Beispiele:

1. $\frac{3}{10} = 0,3$
2. $\frac{1}{8} = 0,125$
3. $\frac{3}{16} = 0,1875$
4. $\frac{1}{40} = 0,025$
5. $\frac{17}{32} = 0,53125$
6. $\frac{19}{20} = 0,95$

Hat der Nenner eines gekürzten Bruches auch andere Primfaktoren außer 2 und 5, so ergibt sich ein unendlich periodischer Dezimalbruch.

Beispiele:

1. $\frac{1}{3} = 0,\overline{3}$
2. $\frac{2}{7} = 0,\overline{285714}$

3. $\frac{7}{12} = 0,58\overline{3}$
4. $\frac{5}{6} = 0,8\overline{3}$
5. $\frac{1}{9} = 0,\overline{1}$
6. $\frac{98}{99} = 0,\overline{98}$

Anmerkung: Unendliche nichtperiodische Dezimalbrüche treten bei der Division von zwei Zahlen aus $\mathbb{Q}_0^+$ **nicht** auf.

Alle periodischen Dezimalbrüche lassen sich auch in gewöhnliche Brüche umwandeln. Da diese Umwandlung im Lehrplan nicht mehr vorgesehen ist, werden die Umwandlungsregeln ohne Übungsaufgaben nur an Beispielen erläutert.

Rein periodische Dezimalbrüche:
Der Nenner enthält so viele Ziffern 9, wie die Periode Ziffern besitzt.

Beispiele:

1. $0,\overline{3} = \frac{3}{9} = \frac{1}{3}$
2. $0,\overline{13} = \frac{13}{99}$
3. $0,\overline{427} = \frac{427}{999}$

Gemischt periodische Dezimalbrüche:
Man führt den Bruch durch ausgleichende Multiplikation auf einen reinperiodischen Bruch zurück.

Beispiele:

1. $0,8\overline{3} = 8,\overline{3} \cdot \frac{1}{10} = 8\frac{3}{9} \cdot \frac{1}{10} = \frac{75}{9 \cdot 10} = \frac{75}{90} = \frac{5}{6}$

2. $0,13\overline{7} = 13,\overline{7} \cdot \frac{1}{100} = 13\frac{7}{9} \cdot \frac{1}{100} = \frac{124}{9 \cdot 100} = \frac{124}{900} = \frac{31}{225}$

3. $0,2\overline{56} = 2,\overline{56} \cdot \frac{1}{10} = 2\frac{56}{99} \cdot \frac{1}{10} = \frac{254}{99 \cdot 10} = \frac{254}{990} = \frac{127}{495}$

Aufgaben

56. Verwandle in einen Dezimalbruch:

a) $\frac{15}{40} =$

b) $\frac{67}{3} =$

c) $6\frac{7}{11} =$

d) $1\frac{29}{30} =$

8 Die Verbindung der vier Grundrechenarten

8.1 Terme, Gleichungen, Ungleichungen

Rechenregeln und der Ablauf einer Rechnung bleiben so wie in 5.2, weil Dezimalbrüche nur besondere Bruchzahlen sind.

Beispiele:

1. Berechne den Termwert:
   $(920,4 \cdot 4,35 - 29,44 : 0,092) - 3682,74 =$
   $= (4003,74 - 320) - 3682,74 =$
   $= \; 3683,74 - 3682,74 = 1$

   Das Produkt und der Quotient wurden in einer Nebenrechnung bestimmt.

2. Bestimme die Lösungsmenge L in $G = \mathbb{Q}_0^+$:

   $$\begin{aligned} x + 117,4615 : 0,25 &= (72,65 - 16,03) \cdot 8,3 \\ x + 469,846 &= 56,62 \cdot 8,3 \\ x + 469,846 &= 469,946 \\ x &= 469,946 - 469,846 \\ x &= 0,1 \Rightarrow L = \{0,1\} \end{aligned}$$

   Der Quotient und das Produkt wurden in einer Nebenrechnung bestimmt.

Aufgaben

57. Bestimme die Temwerte.

a) 621,24 – [423,43 – (95,835 – 82,7018)] – 195,9432 =

b) (11,23 + 3,199) : (8,125 – 8,078) =

c) (233,2 + 195,55) : [(33,217 + 211,783) · 0,5] =

d) $\dfrac{1,17 \cdot 3,5}{7,5 \cdot 0,15} =$

58. Gib einen Gesamtansatz an und berechne.

a) Subtrahiere das Produkt der Zahlen 1,31 und 12,45 von der Summe der Zahlen 8,41 und 22,038.

b) Dividiere die Differenz der Zahlen 13,806 und 11,34 durch die Summe der Zahlen 0,62 und 0,75.
c) Addiere zum Produkt der Zahlen 6,41 und 7,9 den Quotienten der Zahlen 17,625 und 23,5.
d) Multipliziere den Quotienten der Zahlen 14,625 und 0,13 mit der Differenz der Zahlen 13,049 und 3,094.

59. Bestimme jeweils die Lösungsmenge L in $G = \mathbb{Q}_0^+$.
a) $(11{,}34 \cdot 25{,}2) : 12 - x = 5{,}634 + 6{,}116$
b) $x : (0{,}843 + 0{,}313) = 0{,}24 \cdot (6{,}26 - 4{,}98)$
c) $(8{,}4519 - 8{,}4496) \cdot x = 7{,}846 - 7{,}363$
d) $48{,}39 + 4{,}141 + 13{,}4 + x < 101{,}06$

60. Stelle eine Gleichung auf und berechne.
a) Welche Zahl muß man mit 13,2 multiplizieren, um die Summe der Zahlen 102,34 und 66,62 zu erhalten?
b) Welche Zahl muß man vom Produkt der Zahlen 7,48 und 8,5 subtrahieren, um den Quotienten der Zahlen 35,36 und 6,8 zu erhalten?
c) Welche Zahl ergibt mit sich selbst multipliziert (quadriert) den Quotienten aus 88,125 und 14,1?
d) Durch welche Zahl muß man die Summe der Zahlen 228,46 und 391,06 dividieren, um die Differenz der Zahlen 184,96 und 159,36 zu erhalten?

8.2 Sachaufgaben

Der Ablauf der Lösung einer Sachaufgabe bleibt unverändert wie in 5.4.

Beispiele:

1. Ein Händler bekommt 192 kg Bananen frei Haus geliefert. Durch zu langer Lagerung können die Bananen nur zu einem Preis von 1,20 DM pro Kilogramm verkauft werden. Dadurch entstand dem Händler ein Verlust von 28,80 DM.
   Wie teuer war 1 kg Bananen im Einkauf?

Lösung:

Es wird in DM gerechnet.

(192 · 1,2 + 28,80) : 192 = (230,40 + 28,80) : 192 = 259,20 : 192 = 1,35

1 kg Bananen kostete im Einkauf 1,35 DM.

Das Produkt und der Quotient wurden in Nebenrechnungen bestimmt.

2. Maximilian und Stefani würfeln insgesamt 120mal und schreiben sich die geworfenen Augenzahlen auf. Die Auswertung ihrer Würfelergebnisse ergibt die folgende Tabelle

Augenzahl	1	2	3	4	5	6
Anzahl	24	18	16	26	21	15

a) Bestimme die relativen Häufigkeiten der Augenzahlen bei dieser Versuchsausführung (3 D) und bilde die Summe dieser Werte. Welche relative Häufigkeit wäre für jede Augenzahl ideal?

Lösung:

Unter der relativen Häufigkeit einer Augenzahl versteht man den Quotienten aus der Anzahl der Würfe mit der Augenzahl durch die Gesamtzahl der Würfe.

$h(1) = \frac{24}{120} = 0,200$ $\qquad h(4) = \frac{26}{120} = 0,21\overline{6} \approx 0,217$

$h(2) = \frac{18}{120} = 0,150$ $\qquad h(5) = \frac{21}{120} = 0,175$

$h(3) = \frac{16}{120} = 0,1\overline{3} \approx 0,133$ $\qquad h(6) = \frac{15}{120} = 0,125$

$h(1) + h(2) + h(3) + h(4) + h(5) + h(6) =$

$= 0,200 + 0,150 + 0,133 + 0,217 + 0,175 + 0,125 = 1$

Die ideale relative Häufigkeit wäre $\frac{1}{6}$ für jede Augenzahl.

b) Zeichne ein Stabdiagramm der relativen Häufigkeiten.

Lösung:
Man zeichnet ein Rechts-Hochwert-System. Auf der Rechtsachse werden die Augenzahlen, auf der Hochachse die relativen Häufigkeiten abgetragen.

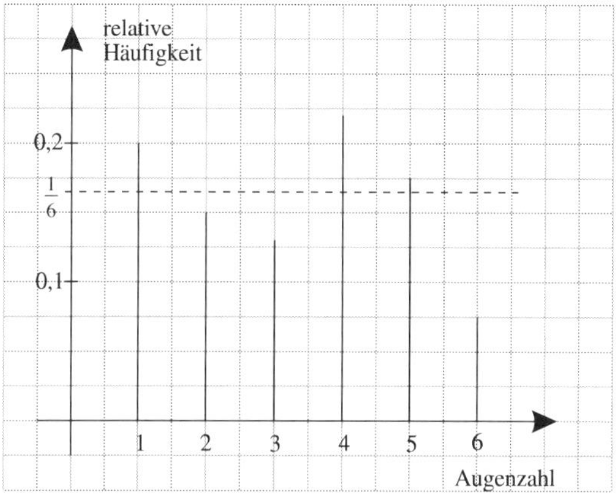

c) Bestimme den Durchschnittswert (Mittelwert) der geworfenen Augenzahlen (2 D).

Lösung:
Den **Durchschnittswert (Mittelwert) m** erhält man, wenn man alle Augenzahlen addiert und diese Summe durch Gesamtzahl der Würfe dividiert.

$$m = \frac{1\cdot 24 + 2\cdot 18 + 3\cdot 16 + 4\cdot 26 + 5\cdot 21 + 6\cdot 15}{120} = \frac{407}{120} = 3{,}391\overline{6} \approx 3{,}39$$

Im Durchschnitt (Im Mittel) wurden 3,39 Augen pro Wurf bei dieser Versuchsausführung geworfen.

Aufgaben

61. Ein Kaufmann bezieht 1 200 ℓ Wein zu 3,55 DM je Liter. An Kosten entstehen ihm 68,60 DM. Er füllt den Wein in 0,75 ℓ-Flaschen ab und verkauft ihn flaschenweise. Wie hoch muß der Verkaufspreis für eine Flasche sein, damit der Kaufmann einen Gewinn von 1 082,15 DM erzielt?
(Ergebnis auf 2 D)

62. Ein Motorboot hat in einem ruhenden Gewässer eine Eigengeschwindigkeit von 4,5 m pro Sekunde (4,5 $\frac{m}{s}$). Es wird in einen Fluß gebracht, der eine Strömungsgeschwindigkeit von 0,75 $\frac{m}{s}$ hat.
a) Welche Strecke wird es bei abgestelltem Motor in 1,5 h abgetrieben?
b) Welche Zeit benötigt es für eine Strecke von 2,205 km flußabwärts, wenn der Motor zugeschaltet ist?

63. Ein Raumschiff fliegt in 98 min einmal um die Erde, wobei es eine Strecke von 42 336 km zurücklegt.
a) Welche Strecke legt es in einer Minute zurück?
b) Wie lange würde das Raumschiff mit dieser Geschwindigkeit für die 388 800 km lange Strecke Erde – Mond benötigen?

64. Ein rechteckiges Zimmer von 5,40 m Länge und 4,65 m Breite soll mit Parkett ausgelegt werden. Ein Quadratmeter Parkett kostet einschließlich Verlegung 128,90 DM.
Welche Kosten entstehen? (Sinnvolle Rundung!)

65. Bei einer Radarkontrolle wird für ein Auto die Geschwindigkeit 25,4 $\frac{m}{s}$ ermittelt.
a) Welche Geschwindigkeit hat das Auto in $\frac{km}{h}$?
b) Wie lange braucht es mit dieser Geschwindigkeit für eine 2,159 km lange Strecke?

66. Ein Einzelfahrschein kostet 1,20 DM, eine Mehrfachkarte für 12 Fahrten 12,60 DM. Um wieviel ist ein Einzelfahrschein teurer als eine Fahrt mit der Mehrfahrtenkarte?

67. Ein Bauplatz ist 38,8 m lang und 24,4 m breit. 1 m^2 kostet 180,20 DM. An Erschließungskosten kommen noch 64 850,32 DM hinzu.
Wie teuer ist der Bauplatz insgesamt und wieviel kostet 1 m^2 mit Erschließung?

68. Ein Auto fährt auf einem 360 km langen Autobahnstück die erste Hälfte mit einer Geschwindigkeit von (genau) $90\,\frac{\text{km}}{\text{h}}$ und die zweite Hälfte mit einer Geschwindigkeit von (genau) $120\,\frac{\text{km}}{\text{h}}$.

a) Wie lange braucht das Auto für die Gesamtstrecke?

b) Wie groß ist die mittlere Geschwindigkeit des Autos für die Gesamtstrecke? (1 D)

69. Bei einer Verkehrszählung auf einer Autobahnbrücke wurden in einer Stunde folgende Fahrzeuge gezählt:

Art der Fahrzeuge	LKW	PKW	Krafträder
Anzahl	843	2 025	332

Bestimme die relativen Häufigkeiten der einzelnen Fahrzeugarten und zeichne ein Stabdiagramm.

70. In der Klasse 6 a wurde die Körpergröße der Schüler und Schülerinnen gemessen. Es ergaben sich folgende Längen in cm: 141, 144, 140, 148, 141, 142, 140, 139, 148, 152, 153, 140, 145, 140, 139, 139, 146, 142, 140, 142, 148, 140, 139, 148, 138, 152, 150.

a) Lege eine Häufigkeitstabelle an und bestimme die relativen Häufigkeiten der Körpergrößen von der kleinsten bis zur größten auftretenden Länge.

b) Bestimme den Mittelwert des Merkmals Körpergröße. (2 D)

71. Bei einer Klassenarbeit gab es die folgende Notenverteilung:

Note	1	2	3	4	5	6
Anzahl	8	3	4	7	2	5

Berechne den Notendurchschnitt. (2 D)

Prozentrechnung und Proportionalität

An Straßen mit starkem Gefälle stehen besondere Hinweisschilder. Dabei entspricht die Prozentangabe auf dem Schild immer der Höhe des Gefälles auf 100 Längeneinheiten waagrechtes Grundmaß. 7 % entspricht also z. B. 7 m Gefällhöhe auf 100 m waagrechtem Grundmaß.

9 Prozentrechnung mit Zinsrechnung

9.1 Der Prozentbegriff

Vergleiche (z. B. durch relative Häufigkeiten) sind oft nur dann möglich, wenn man sich auf die selbe Vergleichszahl bezieht, d. h. als Brüche mit dem gleichen Nenner schreibt.
Ist der Nenner **100**, so spricht man von **Prozent (%)**:

$1\,\% = \frac{1}{100}$; $p\,\% = \frac{p}{100}$: gelesen: p Prozent

Ist der Nenner **1 000**, so spricht man von **Promille (‰)**

$1\,‰ = \frac{1}{1\,000}$; $p\,‰ = \frac{p}{1\,000}$: gelesen: p Promille

Beispiele:

1. Gib als gekürzten Bruch und als Dezimalbruch an:

   a) $5\,\% = \frac{5}{100} = \frac{1}{20} = 0{,}05$

   b) $38\,\% = \frac{38}{100} = \frac{19}{50} = 0{,}38$

   c) $33\frac{1}{3}\,\% = \frac{\frac{100}{3}}{100} = \frac{1}{3} = 0{,}\overline{3}$

   d) $12\frac{1}{2}\,\% = \frac{\frac{25}{2}}{100} = \frac{1}{8} = 0{,}125$

   e) $50\,\% = \frac{50}{100} = \frac{1}{2} = 0{,}5$

   e) $2\,‰ = \frac{2}{1000} = \frac{1}{500} = 0{,}002$

   f) $10\,‰ = \frac{10}{1000} = \frac{1}{100} = 0{,}01 = 1\,\%$

   g) $1\frac{2}{3}\,‰ = \frac{\frac{5}{3}}{1000} = \frac{1}{600} = 0{,}001\overline{6}$

2. Verwandle in Prozent:

   a) $\frac{7}{20} = \frac{35}{100} = 35\,\%$

   b) $\frac{2}{3} = \frac{66\frac{2}{3}}{100} = 66\frac{2}{3}\,\%$

   c) $\frac{2}{3} = 2 : 3 = 0{,}\overline{6} \approx 66{,}67\,\%$

   d) $\frac{3}{8} = 3 : 8 = 0{,}375 \approx 37{,}5\,\%$

3. Vergleiche:
In einem Lostopf 1 befinden sich unter 120 Losen noch 24 Gewinnlose, in einem Lostopf 2 unter 200 Losen noch 38 Gewinnlose. Welcher Lostopf ist günstiger für einen Gewinn?

Lostopf 1: $\frac{24}{120} = \frac{1}{5} = \frac{20}{100} = 20\,\%$ Gewinnlose

Lostopf 2: $\frac{38}{200} = \frac{19}{100} = 19\,\%$ Gewinnlose

Lostopf 1 ist günstiger.

Aufgaben

72. Gib in Prozent (Promille) bzw. als Bruchteil an.

a) $\frac{4}{25} = \quad \%$

b) $\frac{1}{400} = \quad \%$

c) $\frac{6}{125} = \quad ‰$

d) $\frac{3}{16} = \quad ‰$

e) $41\frac{2}{3}\,\% =$

f) $6{,}25\,\% =$

73. Berechne den Prozentwert.

a) 14 % von 280 DM =

b) $\frac{1}{2}$ % von 88 t =

c) 120 % von 16 km =

d) 73 % von 46 h =

74. Wieviel % des ursprünglichen Grundwertes sind:

a) 20 % von 50 % =

b) 50 % von 5 % =

c) 20 % von 20 % =

d) 40 % von 160 % =

9.2 Prozentrechnung

Bezeichnungen

3 % von 400 DM sind 12 DM

3 % heißt der **Prozentsatz p %**.

400 DM heißt der **Grundwert G**. 12 DM heißt der **Prozentwert W**.

Berechnung des Prozentwertes

Sind Grundwert G und Prozentsatz p % gegeben, so berechnet man den Prozentwert W als Bruchteil des Grundwertes:

$$\mathbf{W = p\ \%\ \text{von}\ G = \frac{p}{100} \cdot G}$$

Beispiele:

Ein CD-Player kostete 360 DM. Um wieviel mehr kostet er nach 7 %iger Preiserhöhung?

$$7\ \%\ \text{von}\ 360\ \text{DM} = \frac{7}{100}\ \text{von}\ 360\ \text{DM} = \frac{7}{100} \cdot 360\ \text{DM} =$$

$$= \frac{7 \cdot 360}{100}\ \text{DM} = 25{,}20\ \text{DM}$$

Er kostet 25,20 DM mehr.

Aufgabe

75. Laura will eine Rechnung über 1 280 DM bezahlen. Sie erhält bei Barzahlung einen Preisnachlaß von 3,5 %. Welchen Betrag erspart sich Laura durch Barzahlung?

Berechnung des Prozentsatzes

Sind Grundwert G und Prozentwert W gegeben, so berechnet man den Prozentsatz p % als Bruchteil p des Prozentwertes vom Grundwert aus. Der Bruchteil wird als Prozentwert geschrieben, d. h. der Bruchteil wird mit 100 % multipliziert.

$$\mathbf{p\,\% = \frac{W}{G} \cdot 100\,\% \quad \left(p = \frac{W}{G}\right)}$$

Beispiele:

1. Auf einen Rechnungsbetrag von 300 DM erhält man einen Rabatt von 12 DM. Wieviel % beträgt der Nachlaß?

$$p = \frac{12}{300} = \frac{4}{100} = 0{,}04 = 4\,\%$$

2. Wieviel % sind 3 kg von 14 kg?

$$p = \frac{3}{14} = 0{,}2142857\ldots \approx 21{,}43\,\%$$

Aufgaben

76. Wieviel % sind

a) 312,5 kg von 0,5 t
b) 60 cm von 0,9 m
c) 100 Pf von 1 DM
d) 30 s von 5 min?

77. Die Belegschaft eines Betriebes besteht aus 36 Angestellten und 270 Arbeitern.
Welchen Prozentsatz machen die Angestellten innerhalb der Belegschaft aus?

78. Kai hat 25 DM und Kathrin 15 DM. Kai gibt Kathrin 5 DM seines Geldes, so daß beide gleich viel besitzen.

a) Wieviel % seines Geldes hat Kai abgegeben?
b) Um wieviel % hat Kathrins Geld zugenommen?

Berechnung des Grundwertes

Sind Prozentsatz p % und Prozentwert W gegeben, so berechnet sich der Grundwert G (100 %) aus der Gleichung $\frac{p}{100} \cdot G = W$, d. h.

$$G = W : \frac{p}{100} = W \cdot \frac{100}{p}$$

Beispiel:

4 % einer Strecke x sind 920 m. Wie lang ist die Strecke?

$$\frac{4}{100} \cdot x = 920$$

$$x = 920 : \frac{4}{100} (= 920 : 0{,}04)$$

$$x = \frac{920 \cdot 100}{4} = 23\,000$$

Die Strecke beträgt 23 000 m = 23 km.

Aufgaben

79. Eine Geldsumme wurde um 12 % erhöht. Jetzt sind dies 9 408 DM. Wie hoch war die ursprüngliche Geldsumme?

80. Eine Obsthändlerin setzt den Preis für ein Kilogramm Erdbeeren um 5 % herunter. Es kostet jetzt 3,80 DM. Wieviel kostete es vor der Preissenkung?

81. Herr und Frau Meyer mußten beim Kauf eines Grundstücks 7 % Grunderwerbssteuer an das Finanzamt zahlen. Das waren 1 232 DM. Welchen Wert hat das Grundstück?

9.3 Zinsrechnung

Zinsrechnung ist die Anwendung der Prozentrechnung in der Geldwirtschaft. Das Geld von dem die **Zinsen** berechnet werden, wird **Kapital** genannt. Der Prozentsatz heißt **Zinssatz**.

Zinsen nach einem Jahr:

Kapital · Zinssatz = Jahreszinsen

$$K \cdot \frac{p}{100} = Z$$

Zinsen nach t Tagen:

$$\text{Kapital} \cdot \text{Zinssatz} \cdot \frac{\text{Anzahl der Tage}}{\text{360 Tage}} = \text{Zinsen nach t Tagen}$$

$$K \cdot \frac{p}{100} \cdot \frac{t}{360} = Z$$

Für ein Jahr werden 360 Tage, für einen Monat 30 Tage gerechnet.

Beispiele:

1. Herr Krämer leiht von der Bank 48 000 DM zu einem Zinssatz von 8,5 %. Wie hoch sind seine Schuldzinsen nach einem Jahr?

   $$48\,000 \text{ DM} \cdot \frac{8,5}{100} = \frac{48\,000 \cdot 8,5}{100} \text{ DM} = 480 \cdot 8,5 \text{ DM} = 4\,080 \text{ DM}$$

   Nach einem Jahr muß er 4 080 DM an Zinsen zahlen.

2. Familie Reich hat auf ihrem Sparkonto 60 000 DM. Welche Zinsen werden ihr bei einem Zinssatz von 4,5 % nach 75 Tagen gutgeschrieben?

   $$60\,000 \text{ DM} \cdot \frac{4,5}{100} \cdot \frac{75}{360} = \frac{60\,000 \cdot 4,5 \cdot 75}{100 \cdot 360} \text{ DM} = \frac{600 \cdot 1 \cdot 75}{1 \cdot 80} \text{ DM} =$$

   $$= \frac{15 \cdot 75}{2} \text{ DM} = 562,50 \text{ DM}$$

   Nach 75 Tagen werden ihr 562,50 DM gutgeschrieben.

Aufgaben

82. Welchen Zins erbringen

a) 72 000 DM bei 7 % in 50 Tagen,

b) 6 600 DM bei 5 % in $3\frac{1}{2}$ Monaten,

c) 720 DM bei $4\frac{1}{2}$ % in 15 Monaten?

83. Bei welchem Zinssatz bringen

a) 48 000 DM in 30 Tagen 460 DM,

b) 120 000 DM in 135 Tagen 1 800 DM,

c) 100 DM in 240 Tagen 4 DM?

84. In welcher Zeit bringen

a) 5 400 DM bei 6 % einen Zins von 63 DM,

b) 12 000 DM bei 4,5 % einen Zins von 1 080 DM,

c) 240 000 DM bei 7,5 % einen Zins von 400 DM?

85. Welches Kapital bringt

a) bei 6 % in 120 Tagen 320 DM Zins,

b) bei 4,8 % in 5 Monaten 640 DM Zins,

c) bei 9,6 % in 420 Tagen 3 500 DM Zins?

86. Welches Kapital müßte man besitzen, um bei $4\frac{1}{2}$ %iger Verzinsung aus den Zinsen eine monatliche Einnahme von 450 DM zu erhalten?

10 Direkte Proportionalität

10.1 Zuordnungen

Eine **Zuordnung** zwischen zwei Größen oder zwei Zahlenmengen kann beschrieben werden durch eine **Zuordnungstabelle** oder durch ein **Zuordnungsschaubild** oder durch eine **Zuordnungsvorschrift**.
In jedem Falle werden **Paare** von Größen oder Zahlen gebildet.

Beispiele:

1. Die Firma Freiland verkauft in Säcken abgefüllte Kartoffeln zu folgenden Preisen:

Gewicht in kg	3	10	25	50
Preis in DM	3	9	20	35

Gib ein Zuordnungsschaubild an und errechne für jede Verpackung den Preis für 1 kg Kartoffel.

Lösung:
Die Tabelle ordnet der Größe Gewicht in kg die Größe Preis in DM zu. Dadurch entsteht die Paarmenge {(3 | 3), (10 | 9), (25 | 20), (50 | 35)}.
Zeichnet man zwei zueinander parallele Zahlenstrahlen und verbindet die zusammengehörigen Punkte durch Pfeile, so entsteht als Schaublid ein **Pfeildiagramm**. Man kann aber auch die Punkte in ein **Gitternetz (Rechts-Hochwert-System)** eintragen.

Schaubild:

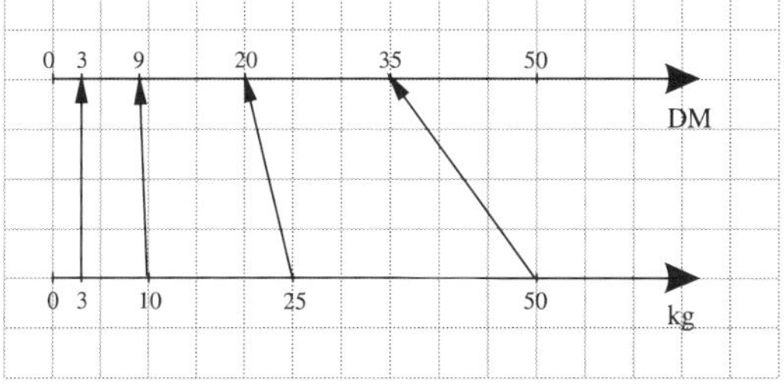

Preis für 1 kg:	1. Paar:	3 DM : 3 = 1,00 DM
	2. Paar:	9 DM : 10 = 0,90 DM
	3. Paar:	20 DM : 25 = 0,80 DM
	4. Paar:	35 DM : 50 = 0,70 DM

2. Auf jede Zahl x ∈ {1; 3; 5; 6} wird die Rechenoperation "+2" angewendet. Beschreibe diese Zuordnung.

Zuordnungstabelle:

Zahl x	1	3	5	6
Zahl x + 2	3	5	7	8

Zuordnungsschaublid:

(1) Pfeildiagramm

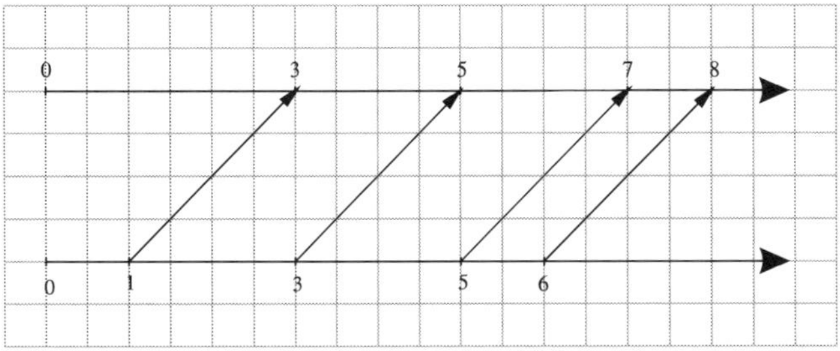

(2) Rechts-Hochwert-System (Gitternetz)

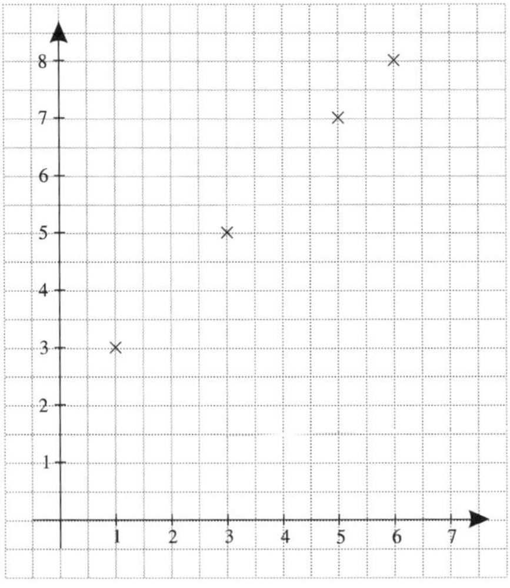

Zuordnungsvorschrift:
$x \mapsto x+2$ mit $x \in \{1; 3; 5; 6\}$

Paarmenge:
$\{(1 \mid 3), (3 \mid 5), (5 \mid 7), (6 \mid 8)\}$

3. Bei einer Fahrt mit dem Taxi muß man einen Grundpreis von 3 DM bezahlen. Für jeden gefahrenen Kilometer erhöht sich der Fahrpreis um 2 DM.
   Gib die Zuordnung Anzahl der gefahrenen Kilometer $x \mapsto$ Fahrpreis an und zeichne sie in ein Gitternetz.
   Wie teuer kommt eine Fahrt von 8 km?

   Zuordnung:
   $x \mapsto 3+2 \cdot x$

   Fahrt von 8 km: Preis =
   = 3 DM + 2 DM · 8 =
   = 3 DM + 16 DM =
   = 19 DM

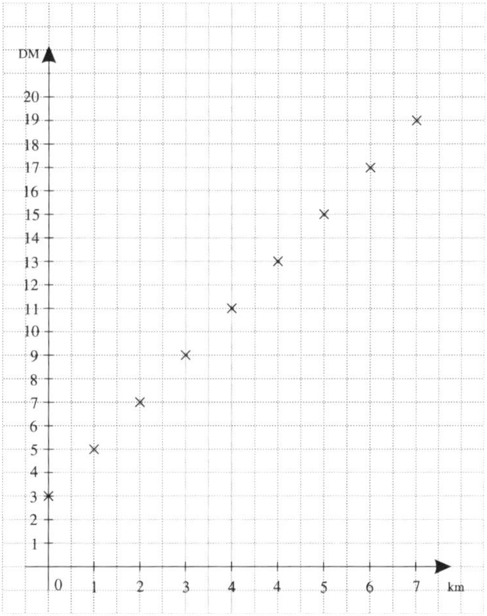

Aufgaben

87. Zeichne jeweils die Zuordnung als Pfeildiagramm und im Gitternetz.

a) $x \mapsto x+1$ $\quad x \in \{0; 2; 4; 6\}$

b) $x \mapsto 2 \cdot x - 1$ $\quad x \in \{1; 3; 5; 7\}$

c) $x \mapsto 5 - x$ $\quad x \in \{0; 1; 2; 3; 4; 5\}$

88. Die jeweilige Paarmenge wurde durch eine Zuordnung mit einer ganz bestimmten Zuordnungsvorschrift erzeugt. Stelle die Paarmenge in einem Gitternetz dar und gib die Zuordnungsvorschrift an.

a) {(1 | 4), (2 | 5), (4 | 7), (6 | 9)}

b) {(1 | 8), (2 | 6), (3 | 4), (4 | 2), (5 | 0)}

10.2 Direkte Proportionalität

Eine Zuordnung heißt **direkt proportional** oder eine **direkte Proportionalität**, wenn dem
2-, 3-, ..., k-fachen der einen Größe (Zahl) das
2-, 3-, ..., k-fachen der anderen Größe (Zahl) entspricht.
Statt des Begriffes "direkt proportional" verwendet man häufig nur "proportional".

Beispiele:

1. Direkt proportionale Größen sind:

Ware	–	Preis	
Lohn	–	Arbeitszeit	(bei gleichem Stundenlohn)
Volumen	–	Gewicht	(bei gleichem Stoff)
Weg	–	Zeit	(bei gleicher Geschwindigkeit)

2. Nicht direkt proportional sind:

Alter	–	Körpergröße
Alter	–	Gewicht
Geschwindigkeit	–	Zeit
Autogröße	–	Autopreis

Die **Zuordnungsvorschrift** einer direkten Proportionalität hat die Form **$x \rightarrow m \cdot x$** mit einer festen Zahl m. Die Zahl m heißt **Proportionalitätsfaktor**.
Das **Schaubild** einer direkten Proportionalität ist eine Menge von Punkten, die im Gitternetz auf einer Halbgeraden mit dem Nullpunkt als Anfangspunkt liegen.

Beispiel:

1 kg Äpfel kostet 1,20 DM. Was kosten 2 kg, 3 kg, 4 kg, 6 kg?
Gib die Zuordnungstabelle und die Zuordnungsvorschrift an und zeichne das Schaubild im Gitternetz.

Apfelmenge in kg	1	2	3	4	6
Preis in DM	1,20	2,40	3,60	4,80	7,20

Die Zuordnungsvorschrift lautet x: $\mapsto 1,2 \cdot x$

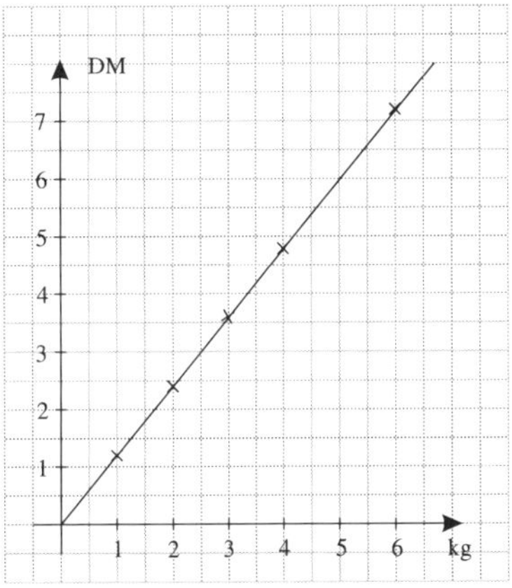

Aufgabe

89. Ein Flugzeug fliegt mit gleichbleibender Geschwindigkeit und legt dabei in zwei Stunden 900 km zurück. Gib die Zuordnungsvorschrift der zugehörigen Proportionalität an und berechne den Weg, den das Flugzeug in 20 min bzw. 1 h 25 min zurücklegt.

Zwei Zahlenpaare $(x_1 \mid y_1)$ und $(x_2 \mid y_2)$ heißen **quotientengleich**, wenn $\frac{y_1}{x_1} = \frac{y_2}{x_2}$ gilt.

Die Zahlengerade bei der **direkten Proportionalität** sind quotientengleich. Der Quotient ist gleich dem Proportionalitätsfaktor m.

Folgerungen:

1. Da eine Halbgerade durch den Nullpunkt und durch einen weiteren Punkt festgelegt ist, genügt für die Angabe einer Proportionalität bereits ein weiteres Zahlenpaar.
2. Zahlenpaare gehören zu einer Proportionalität, wenn sie quotientengleich sind.

Beispiele:

1. Bei einer Proportionalität gilt: $2 \mapsto 3$
   Gib die Zuordnungsvorschrift an und zeichne ein Schaubild im Gitternetz. Da alle Zahlenpaare quotientengleich sind, gilt $m = \frac{3}{2} = 1{,}5$.
   Zuordnungsvorschrift: $x \mapsto 1{,}5 \cdot x$

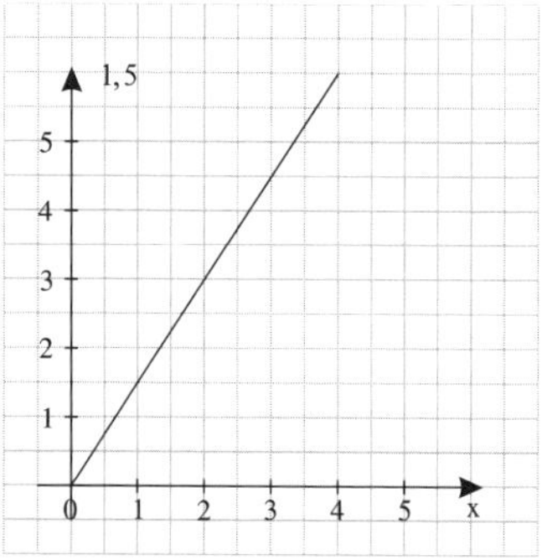

Alle Zahlenpaare der direkten Proportionalität liegen auf dieser Halbgeraden.

2. Überprüfe, ob die Zahlenpaare zu einer direkten Proportionalität gehören.
   a) $(2 \mid 5)$ und $(5 \mid 12{,}5)$
   Wegen $\frac{5}{2} = 2{,}5$ und $\frac{12{,}5}{5} = 2{,}5$ sind die Zahlenpaare quotientengleich, d. h. sie gehören zur Proportionalität mit der Zuordnung $x \mapsto 2{,}5 \cdot x$.
   b) $(5 \mid 3)$ und $(6 \mid 4)$
   Wegen $\frac{3}{5}$ und $\frac{4}{6} = \frac{2}{3} = 0{,}\overline{6}$ sind die Zahlenpaare nicht quotientengleich und damit zu keiner Proportionalität gehörig.

3. Die drei Zahlenpaare (5 | 3), (a | 1) und (4 | b) gehören zu einer direkten Proportionalität. Bestimme die Werte a und b.
Aus dem 1. Zahlenpaar folgt: $m = \frac{3}{5}$, d. h. für die Zuordnung gilt:
$x \mapsto \frac{3}{5} \cdot x$.
Damit gilt: $\frac{3}{5} \cdot x = 1 \Rightarrow x = \frac{5}{3}$ $\qquad \frac{3}{5} \cdot 4 = y \Rightarrow y = \frac{12}{5}$

Aufgaben

90. Die folgenden Paare gehören zu einer Proportionalität. Bestimme die Werte a, b, c, d.
a) (2 | 12) und (a | 9)
b) (8 | 2) und (12 | b)
c) (3 | 3) und (c | 7)
d) (7,5 | d) und (4 | 2,4)

10.3 Sachaufgaben zu direkt proportionalen Größen und Schlußrechnung

Sind in einer Sachaufgabe zwei Größen direkt proportional, so erhält man die gesuchte Größe mit Hilfe des **Dreisatzes** oder **quotientengleicher Größenpaare**.

Beispiele:

1. 12 kg Zucker kosten 16,80 DM. Wieviel kosten 7 kg?
Dreisatz:

12 kg kosten 16,80 DM	Bedingungssatz
1 kg kostet $16{,}80 \text{ DM} : 12 = \frac{16{,}80}{12}$ DM	Schluß auf die **Einheit**
7 kg kosten $\frac{16{,}80}{12} \cdot 7$ DM = 9,80 DM	Schluß auf die **Mehrheit**

Der Name **Dreisatz** kommt von den drei Sätzen "Bedingungssatz – Schluß auf die Einheit – Schluß auf die Mehrheit" der Name **Schlußrechnung**, weil auf die Einheit bzw. auf die Mehrheit geschlossen wird.

Quotientengleiche Größenpaare:

$$\frac{16{,}80}{12} = \frac{x}{7} \Rightarrow x = \frac{16{,}80\ \text{DM} \cdot 7}{12} = 9{,}80\ \text{DM}$$

2. 12 kg Fleisch kosten 80 DM. Wieviel kosten 18 kg Fleisch?

Dreisatz:

12 kg kosten 80 DM
6 kg kosten 80 DM : 2 = 40 DM
18 kg kosten 40 DM · 3 = 120 DM

Beachte: Haben die Maßzahlen der Größen des Bedingungssatzes und des Fragesatzes einen gemeinsamen Teiler, so kann statt des Schlusses auf die Einheit auf diesen Teiler geschlossen werden.

Quotientengleiche Größenpaare:

$$\frac{80\ \text{DM}}{12} = \frac{x}{18} \Rightarrow x = \frac{80\ \text{DM} \cdot 18}{12} = 120\ \text{DM}$$

Aufgaben

91. Eine Maschine fertigt 6 Formteile in einer Zeit von 39 min. Wie lange braucht sie für 22 Formteile?

92. Zwei Geschäftsleute A und B haben gemeinsam in ein lukratives Geschäft investiert, A um 6 000 DM mehr als B. Bei der Gewinnausschüttung erhält A einen Gewinn von 5 670 DM und B einen von 5 130 DM ausbezahlt. Wie groß sind die Kapitaleinlagen von A und B und wie hoch ist die zugehörige Verzinsung?

93. An die 16 gleichbezahlten Arbeiter auf einer Baustelle wurden für 28 Arbeitstage ein Bruttoarbeitslohn von 78 848 DM gezahlt. Wie hoch ist die Bruttolohnsumme der 18 ebenso bezahlten Arbeiter für 24 Arbeitstage auf einer anderen Baustelle?

94. In einer Wäscherei werden von 8 gleichen Waschmaschinen am Tag bei einer täglichen Betriebsdauer von 6 h 1968 kg Wäsche gewaschen. Wie viele Kilogramm Wäsche können von 12 solchen Maschinen am Tag bei einer täglichen Betriebsdauer von 8 h gewaschen werden?

95. Ein Wasserbecken mit einem Inhalt von 588 hℓ kann von 12 gleichartigen Pumpen in 7 h leergepumpt werden. Wie lange brauchen 5 solche Pumpen für 210 hℓ?

11 Indirekte Proportionalität

11.1 Die Zuordnung der indirekten Proportionalität

Eine Zuordnung heißt **indirekt proportional** oder **indirekte Proportionalität**, wenn dem 2-, 3-, ..., k-fachen der einen Größe (Zahl) der 2-, 3-, ..., k-te Teil der anderen Größen entspricht.
Die indirekte Proportionalität heißt auch **umgekehrte Proportionalität**.

Beispiel:

Indirekt proportionale Größen sind:

Zeit	–	Geschwindigkeit	(bei gleichem Weg)
Anzahl der Arbeiter	–	Dauer der Arbeit	(bei gleicher Arbeit)
Länge	–	Breite des Rechtecks	(bei gleichem Flächeninhalt)
Abfüllmenge	–	Anzahl der Portionen	(bei gleicher Gesamtmenge)

Die **Zuordnungsvorschrift** einer indirekten Proportionalität hat die Form $x \rightarrow \frac{a}{x}$ mit einer festen Zahl a.

Das **Schaubild** einer indirekten Proportionalität ist eine Menge von Punkten, die im Gitternetz auf einer **Hyperbel** liegen.

Beispiel:

Gegeben ist die Zuordnung $x \rightarrow \frac{4}{x}$. Gib die Zuordnungstabelle für $x \in \{1; 2; 3; 4; 5; 6\}$ an und zeichne das Schaubild.

Zuordnungstabelle:

x	1	2	3	4	5	6
$\frac{4}{x}$	4	2	$\frac{4}{3}$	1	$\frac{4}{5}$	$\frac{2}{3}$

Schaubild im Gitternetz:

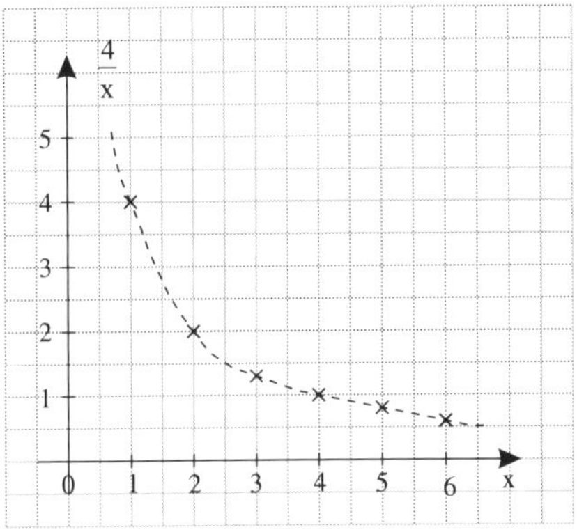

Zwei Zahlenpaare $(x_1 \mid y_1)$ und $(x_2 \mid y_2)$ heißen **produktgleich**, wenn $x_1 \cdot y_1 = x_2 \cdot y_2$ gilt.
Die Zahlenpaare bei der **indirekten Proportionalität** sind **produktgleich**.
Der Produktwert ist die Zahl a in der Vorschrift $x \rightarrow \frac{a}{x}$.

Folgerung:
Eine indirekte Proportionalität ist bereits bekannt, wenn man den Wert a kennt.

Beispiele:

1. Bei einer indirekten Proportionalität gilt: $2 \mapsto 3$.
   Bestimme die Zuordnungsvorschrift und zeichne ein Schaubild im Gitternetz.

Alle Zahlenpaare sind produktgleich d. h. $a = 2 \cdot 3 = 6$.

Zuordnungsvorschrift: $x \rightarrow \frac{6}{x}$.

Alle Zahlenpaare der indirekten Proportionalität liegen auf der nebenstehenden Hyperbel.

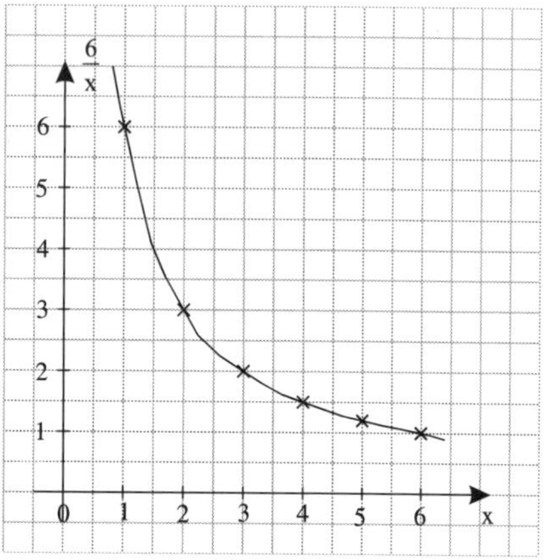

2. a) Überprüfe, ob die Zahlenpaare zur gleichen indirekten Proportionalität gehören. (3 | 4), (6 | 2), (2,4 | 5).

   Wegen $3 \cdot 4 = 6 \cdot 2 = 2{,}4 \cdot 5 = 12$ gehören alle drei Paare zur indirekten Proportionalität $x \mapsto \frac{12}{x}$

   b) Die drei Zahlenpaare (2 | 9), (c | 4,5) und (12,5 | d) gehören zur gleichen indirekten Proportionalität. Bestimme die Werte c und d.

   Die Zahlenpaare gehören wegen des ersten Paares mit $a = 2 \cdot 9 = 18$ zur indirekten Proportionalität $x \mapsto \frac{18}{x}$. Damit erhält man:

   $c \cdot 4{,}5 = 18 \Rightarrow x = 18 : 4{,}5 = 4\,;\ 12{,}5 \cdot d = 18 \Rightarrow d = 18 : 12{,}5 = 1{,}44$

Aufgabe

96. Ein Rechteck ist 9 m lang und 4 m breit.
Wie breit muß jeweils ein flächengleiches Rechteck sein, wenn für die Länge ℓ gilt: $\ell \in \{3\text{ m}; 6\text{ m}; 12\text{ m}; 18\text{ m}\}$.

11.2 Schlußrechnungen

Sind in einer Sachaufgabe zwei Größen **indirekt proportional**, so erhält man die gesuchte Größe mit Hilfe des **Dreisatzes** oder **produktgleicher Größenpaare**.

Beispiel:

Beim Bau eines Sportplatzes werden drei gleichartige Planierraupen verwendet. Sie können die gesamte Fläche an 12 Arbeitstagen fertigstellen. Wie lange würde der Einsatz bei nur zwei solcher Raupen dauern?

Dreisatz:

3 Raupen benötigen 12 Tage	Bedingungssatz
1 Raupe benötigt 12 Tage $\cdot$ 3 = 36 Tage	Schluß auf die Einheit
2 Raupen benötigen $\frac{36}{2}$ Tage = 18 Tage	Schluß auf die Mehrheit.

Produktgleiche Größenpaare:

$$3 \cdot 12 \text{ Tage} = 2 \cdot x \Rightarrow x = \frac{3 \cdot 12}{2} \text{ Tage} = 18 \text{ Tage}$$

Aufgaben

97. In einer Schweinemastanlage reicht das vorhandene Futter für 270 Schweine 15 Tage lang.
Wie lange würde es bei gleicher Fütterung für 450 Schweine reichen?

98. 18 Arbeiter können eine gerodete Waldfläche in 40 Tagen neu bepflanzen. Nach 10 Tagen werden drei Arbeiter krank. Wie lange dauert die Arbeit dann noch?

99. Ein Auto benötigt mit einer konstanten Geschwindigkeit von 25 $\frac{m}{s}$ eine Zeit von 1 min 4 s. Welche Zeit würde es für die gleiche Strecke brauchen, wenn die Geschwindigkeit auf 32 $\frac{m}{s}$ erhöht würde?

100. Ein Heizölvorrat reicht 200 Tage bei einem täglichen Verbrauch von 18 ℓ. Wie lange reicht der Ölvorrat bei einem Verbrauch von 24 ℓ pro Tag?

101. Zwei gleiche Zuflüsse füllen ein Becken mit 1500 hℓ in 9 min. In welcher Zeit würden drei solche Zuflüsse ein Becken von 1200 hℓ füllen?

11.3 Vermischte Schlußrechnungen

102. Ein Trinkwasservorrat eines Schiffes ist für 15 Personen und 42 Tagen berechnet.

a) Wie lange reicht dieser Vorrat, wenn nur 9 Männer und Frauen an Bord sind?

b) Wie viele Leute reichen mit dem Vorrat 90 Tage?

c) Wie lange reicht der Vorrat, wenn nach 30 Tagen noch 5 Männer und Frauen zu den ursprünglichen 15 Personen hinzukommen?

103. Eine Badewanne faßt 582 ℓ. Sie wird durch einen ganz geöffneten Wasserhahn in $8\frac{3}{4}$ Minuten gefüllt.

a) Nach welcher Zeit sind 97 ℓ in der Badewanne?

b) Wie viele Liter faßt ein Eimer, der von diesem Wasserhahn in 7 s gefüllt wird?

104. In einem Betrieb verbrauchen 40 Lampen bei einer täglichen Brenndauer von 4,5 h für 81 DM Strom. Wieviel kostet der tägliche Verbrauch, wenn zur Einsparung von Energie nur noch 27 Lampen täglich 4 h brennen?

105. Acht gleichartige Automaten erzeugen in 45 min 4 536 Stanzteile. Wie viele solche Maschinen müssen zusätzlich betrieben werden, wenn in 35 min 5 292 solche Stanzteile hergestellt werden sollen?

106. Fünf Maler können das Innere einer Ausstellungshalle in 14 Arbeitstagen streichen. Nach zwei Tagen Arbeit stellt man fest, daß in der Halle Messestände zwei Tage früher als vorgesehen aufgebaut werden müssen. Wie viele Maler müssen nun neu eingestellt werden, damit die Arbeiten fristgerecht ausgeführt werden können?

107. In einem Handwerksbetrieb kann ein Auftrag in 18 Tagen erledigt werden, wenn 9 Arbeiter täglich 8 h arbeiten. Nach 6 Tagen erkranken 3 Arbeiterinnen, die übrigen arbeiten täglich 9 h. Nach wie vielen Tagen insgesamt ist dann die Arbeit erledigt?

Geometrische Grundbegriffe

Sicher hast du schon einmal eine mittelalterliche Kirche gesehen und ihre Schönheit bewundert. Besonders an gotischen Kirchen und Kathedralen haben die damaligen Künstler mit großem Geschick eine ganz besondere Art der Kreisbogenornamentik entwickelt und zu hoher Blüte gebracht. Die Gestaltung solcher Ornamente mit *Zirkel*, *Lineal* und *Winkelmesser* lag der Kunstbetätigung dieser Epoche nahe.

12 Raummessung

12.1 Maßeinheiten

Den **Rauminhalt** (das **Volumen**) eines räumlichen Körpers messen heißt, ihn mit einer **Raumeinheit (Volumeneinheit)** zu vergleichen.
Man verwendet als Einheiten Würfel, deren Seitenlängen Längeneinheiten sind, z. B. hat ein Würfel mit der Kantenlänge 1 m den Rauminhalt 1 m^3 (Kubikmeter).
Man verwendet folgende Raumeinheiten:

Längeneinheit	Raumeinheit
1 mm	1 mm^3 Kubikmillimeter
1 cm	1 cm^3 Kubikzentimeter
1 dm	1 dm^3 Kubikdezimeter
1 m	1 m^3 Kubikmeter
[1 km	1 km^3 Kubikkilometer]

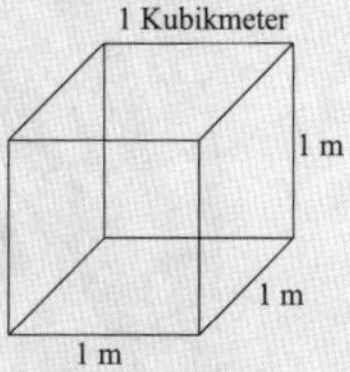

Beim Messen des Rauminhaltes von Flüssigkeiten (beim Messen eines Hohlraumes) verwendet man häufig die Maßeinheit **1 Liter (1 ℓ)**.
Es gilt: 1 ℓ = 1 dm^3; 1 $h\ell$ = 100 ℓ = 100 dm^3.

Die Umrechnungszahl von einer Raumeinheit in die andere beträgt von mm^3 bis m^3 jeweils **1 000**, d. h. 1 m^3 = 1 000 dm^3; 1 cm^3 = 1 000 mm^3.

Raummaße kann man auch in der **Kommaschreibweise** angeben.

Beispiele:

1. Gib in der kleinsten auftretenden Einheit an:
   a) 3 m^3 3 dm^3 = 3 003 dm^3
   b) 1 dm^3 15 cm^3 168 mm^3 = 1 015 168 mm^3
   c) 1 m^3 1 mm^3 = 1 000 000 001 mm^3

2. Gib mehrfach benannt an:
   a) 7 184 061 cm^3 = 7 m^3 184 dm^3 61 cm^3
   b) 15 688 dm^3 = 15 m^3 688 dm^3
   c) 415 603 cm^3 = 415 dm^3 603 cm^3

3. Schreibe mit Komma in
   a) dm^3: $4\ dm^3\ \ 12\ cm^3 = 4{,}012\ dm^3$
   b) m^3: $18\ dm^3\ \ 8\ cm^3 = 0{,}018008\ dm^3$
   c) cm^3: $1\ m^3\ \ 5\ dm^3\ \ 4\ mm^3 = 1\,005\,000{,}004\ cm^3$

4. Berechne:
   $2{,}4\ dm^3 + 4\ m^3\ \ 16\ dm^3 + 28\ \ell + 7\ m^3\ \ 60\ cm^3 =$
   $= 2\ dm^3\ \ 400\ cm^3 + 4\ m^3\ \ 16\ dm^3 + 28\ dm^3 + 7\ m^3\ \ 60\ cm^3 =$
   $= (4\ m^3 + 7\ m^3) + (2\ dm^2 + 16\ dm^3 + 28\ dm^3) + (400\ cm^3 + 60\ cm^3) =$
   $= 11\ m^3 + 46\ dm^3 + 460\ cm^3 = 11\ m^3\ \ 46\ dm^3\ \ 460\ cm^3$
   oder
   $= 2{,}4\ dm^3 + 4\,016\ dm^3 + 28\ dm^3 + 7\,000{,}060\ dm^3 =$
   $= 11\,046{,}460\ dm^3 = 11{,}046460\ m^3$

Aufgaben

108. a) Gib in der kleinsten auftretenden Einheit an:
   (1) $4\ m^3\ \ 3\ cm^3\ \ 16\ mm^3 =$
   (2) $12\ dm^3\ \ 11\ cm^3\ \ 8\ mm^3 =$
   (3) $8\ m^3\ \ 3\ \ell =$
   b) Gib mehrfach benannt an:
   (1) $8\,114\,003\ mm^3 =$
   (2) $1\,234\,567\,890\ cm^3 =$
   (3) $18\ h\ell\ \ 450\ cm^3 =$
   c) Schreibe mit Komma in
   (1) m^3: $12\ m^3\ \ 1\ cm^3 =$
   (2) dm^3: $1\ m^3\ \ 11\ dm^3\ \ 111\ cm^3 =$
   (3) m^3: $5\ dm^3\ \ 16\ cm^3 =$

109. Berechne:
   a) $43{,}4291\ dm^3 - 18{,}32\ dm^3 =$
   b) $3\frac{2}{9}\ dm^3 \cdot 27 + 4\frac{2}{3}\ dm^3 \cdot 9 =$
   c) $8{,}4\ dm^3 + 2\ h\ell - 1{,}4\ \ell =$
   d) $88\ dm^3\ \ 235\ cm^3 - 83\ dm^3\ \ 986\ cm^3 =$
   e) $1\ m^3\ \ 495\ dm^3\ \ 66\ cm^3\ : 346 =$
   f) $523{,}08\ h\ell : 7{,}2\ cm^3 =$

12.2 Der Rauminhalt von Quader und Würfel

Der Quader habe die Länge a, die Breite b und die Höhe c, die alle in der gleichen Längeneinheit gemessen sein sollen. Den **Rauminhalt des Quaders** erhält man durch folgende Überlegung: In einen Streifen längs der Seite a passen a Würfel, deren Seitenlänge so groß ist wie die Längeneinheit in der a gemessen ist. b solche Streifen ergeben eine Schicht die die Grundfläche völlig bedeckt. c solche Schichten füllen dan den Quader völlig aus.

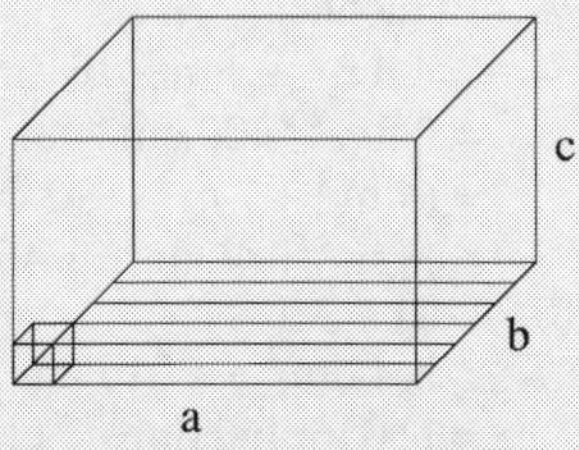

Damit erhält man als Berechnungsformel für den Rauminhalt (Volumen) V_Q eines Quaders: $\mathbf{V_Q = a \cdot b \cdot c}$

Anmerkungen:

1. Bezeichnet man die Seiten eines Quaders mit Länge ℓ, Breite b und Höhe h, so erhält man als Berechnungsformel $V_Q = \ell \cdot b \cdot h$.
2. Da $G = \ell \cdot b$ den Inhalt der Rechteckfläche (Grundfläche) angibt, auf der der Quader steht, schreibt man für den Rauminhalt eines Quaders auch: $V_Q = \ell \cdot b \cdot h = G \cdot h$ (Volumen = Grundfläche mal Höhe).
3. In der 5. Klasse hat man für die Oberfläche des Quaders gefunden: $O_Q = 2 \cdot a \cdot b + 2 \cdot a \cdot c + 2 \cdot b \cdot c$ bzw. $O_Q = 2 \cdot \ell \cdot b + 2 \cdot \ell \cdot h + 2 \cdot b \cdot h$

Beispiele:

1. Ein Quader hat die Kantenlänge a = 8 cm, b = 7 cm, c = 5 cm. Berechne den Rauminhalt und die Oberfläche dieses Quaders.

$$V_Q = a \cdot b \cdot c = 8 \cdot 7 \cdot 5\,cm^3 = 280\,cm^3$$

$$O_Q = 2 \cdot 8 \cdot 7\,cm^2 + 2 \cdot 8 \cdot 5\,cm^2 + 2 \cdot 7 \cdot 5\,cm^2 = 112\,cm^2 + 80\,cm^2 + 70\,cm^2 = 262\,cm^2$$

2. Ein Quader mit der Grundfläche $G = 48\ cm^2$ hat einen Rauminhalt $V = 312\ cm^3$. Wie hoch ist der Quader?
   $V_Q = G \cdot h \Rightarrow h = V_Q : G = (312 : 48)\ cm = 6{,}5\ cm$
   Der Quader ist 6,5 cm hoch.

Der **Würfel** ist ein Quader mit lauter gleichen Kanten a. Damit erhält man als Berechnungsformel für den Rauminhalt (Volumen) V_W eines Würfels:
$\mathbf{V_W = a \cdot a \cdot a = a^3}$.

Anmerkungen:
1. Bezeichnet man die Seite eines Würfels mit s, so erhält man als Berechnungsformel für den Rauminhalt: $V_W = s^3$.
2. In der 5. Klasse hat man für die Oberfläche eines Würfels gefunden:
   $O_W = 6 \cdot a \cdot a = 6 \cdot a^2$ bzw. $O_W = 6 \cdot s \cdot s = 6 \cdot s^2$.

Beispiele:

1. Ein Würfel hat eine Kantenlänge von 2 dm. Wie groß sind sein Rauminhalt und seine Oberfläche.
   $V_W = a \cdot a \cdot a = 2 \cdot 2 \cdot 2\ dm^3 = 8\ dm^3$
   $O_W = 6 \cdot a \cdot a = 6 \cdot 2 \cdot 2\ dm^2 = 24\ dm^2$

2. Ein Würfel hat eine Oberfläche von $15\ dm^2\ 36\ cm^2$. Welches Volumen besitzt der Würfel?
   $O_W = 6 \cdot a^2 = 1536\ cm^2$
   $a^2 = 1536\ cm^2 : 6$
   $a^2 = 256\ cm^2$
   $a = 16\ cm$
   $V_W = a \cdot a \cdot a = 16 \cdot 16 \cdot 16\ dm^3 = 4\,096\ dm^3$

Aufgaben

110. Das Volumen eines Quaders beträgt $6\frac{6}{7}\,m^3$. Wie lang ist die dritte Kante, wenn die beiden anderen $1\frac{1}{7}$ m und $\frac{3}{7}$ m lang sind?

111. 1 cm^3 Styropor wiegt 0,015 g. Wieviel wiegt ein Styroporquader, der 0,8 m lang, 0,5 m breit und 1,6 m hoch ist?

112. Berechne das Volumen und die Oberfläche des nebenstehenden Körpers.

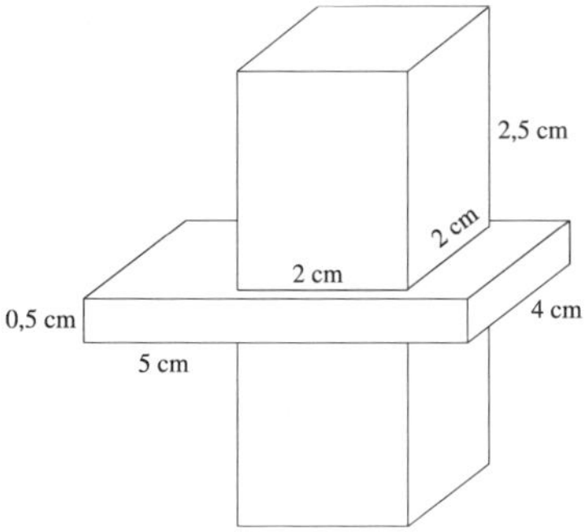

113. In einem quaderförmigen Schwimmbecken, das 12,5 m lang und halb so breit ist, steht das Wasser 1,2 m hoch.
a) Wie viele m^3 Wasser sind im Becken?
b) In wie vielen Stunden kann das Becken durch ein Rohr entleert werden, wenn durch dieses pro Minute $2\frac{1}{2}$ *hℓ* Wasser abfließen?

114. Aus einem Holzbalken, dessen quadratische Grundfläche eine Länge von a = 24 cm besitzt und der 2,6 m lang ist, wird ein Loch mit dem Rauminhalt 167 cm^3 herausgeschnitten. Welches Gewicht besitzt der Balken, wenn 1 cm^3 des Balkens 0,87 g wiegt. (Angabe des Ergebnisses in t auf 3 D)

115. Ein Schwimmbecken, das 12 m lang, 4,5 m breit und 1,8 m tief ist, soll innen neu gestrichen werden.
a) Wie groß ist die Fläche, die gestrichen werden muß?
b) 1 kg der Farbe reicht für eine Fläche von 4,5 m^2. Wie viele 2,5 kg-Dosen Farben müssen gekauft werden?

116. Ein quaderförmiger Brunnentrog mit den Innenmaßen ℓ = 1,30 m, b = 6 dm und h = 20 cm wiegt leer 150 kg.
a) Wieviel wiegt er, wenn er voll mit Wasser gefüllt ist? (1 ℓ Wasser wiegt 1 kg!)
b) Der Trog ist jetzt nur zum Teil mit Wasser gefüllt, so daß sein Gesamtgewicht nur 189 kg beträgt. Wie hoch steht das Wasser im Trog?

117. 1 cm^3 Fichtenholz wiegt 0,9 g.
Aus Fichtenholzleisten mit quadratischem Querschnitt (Kantenlänge a = 7 cm) wird ein Rahmen (wie in der nebenstehenden Skizze) gefertigt.
Wieviel wiegt der Rahmen (in kg auf 1 D)?

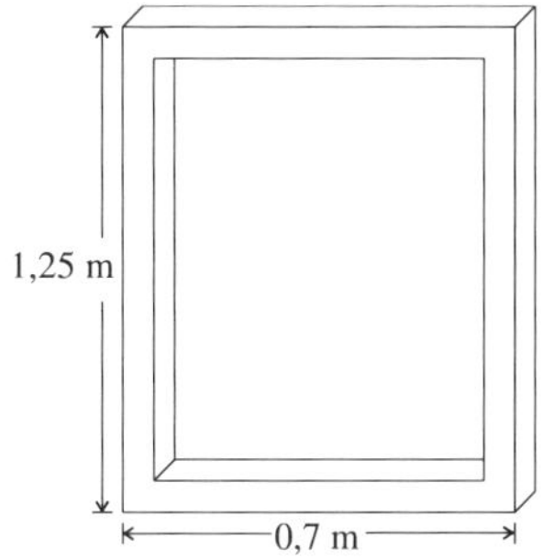

13 Winkel und Winkelmessung

13.1 Der Winkelbegriff

Dreht man eine Halbgerade (Strahl) g um ihren Anfangspunkt S **entgegen der Uhrzeigerrichtung** bis zur Halbgeraden h, so wird ein Gebiet der Zeichenebene überstrichen, das **Winkel** zwischen g und h heißt.

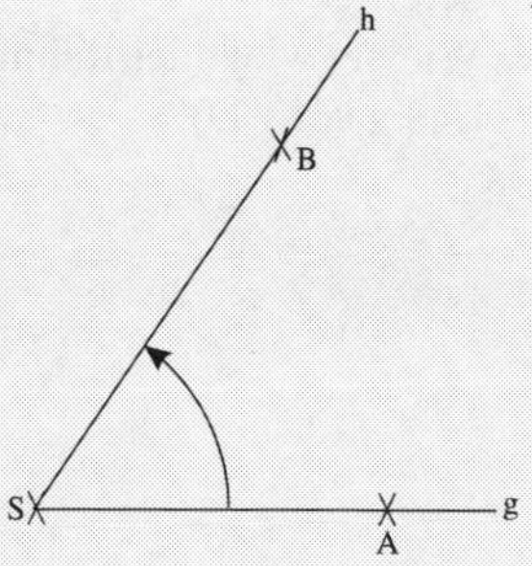

S heißt der **Scheitel** des Winkels, die beiden Halbgeraden g und h heißen **Schenkel** des Winkels. g und h gehören mit zum Winkel.

Bezeichnungen:

∢ (g, h): Winkel zwischen g und h

∢ ASB: Winkel ASB, d. h. der Winkel, den die Halbgeraden g = AS] und h = BS] miteinander bilden

Beispiele:

Benenne die folgenden Winkel:

1.

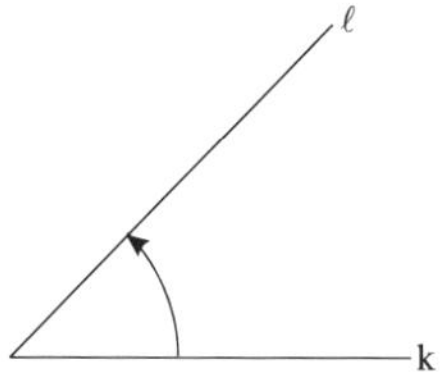

∢ (k, ℓ)

2.

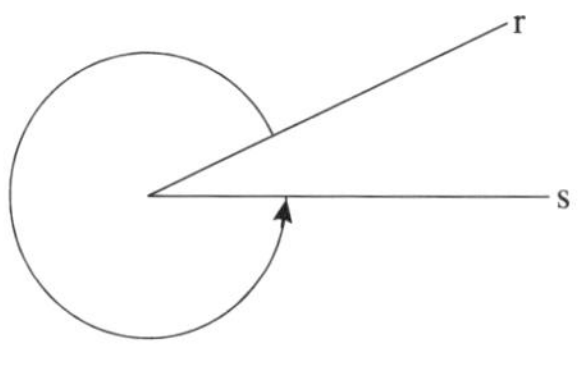

∢ (r, s)

3. Winkel werden häufig auch mit kleinen griechischen Buchstaben α, β, γ, δ, ε, ... bezeichnet.

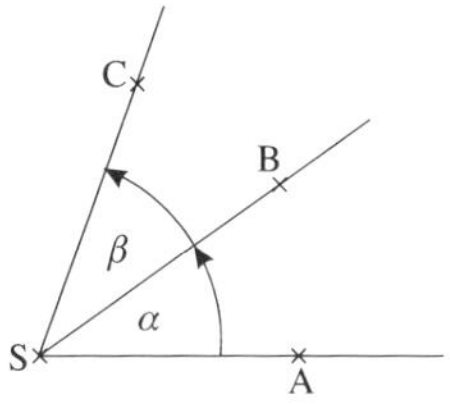

$\alpha = \sphericalangle$ ASB
$\beta = \sphericalangle$ BSC

Aufgabe

118. Kennzeichne in der Figur die folgenden Winkel:

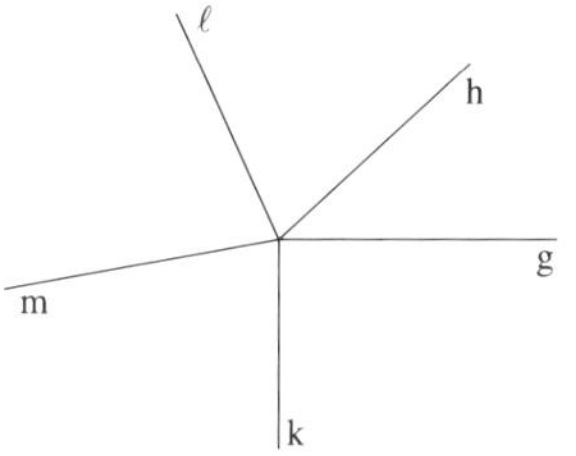

$\alpha = \sphericalangle (g, h)$
$\beta = \sphericalangle (h, k)$
$\gamma = \sphericalangle (\ell, m)$
$\delta = \sphericalangle (k, g)$
$\varepsilon = \sphericalangle (g, k)$
$\varphi = \sphericalangle (\ell, h)$

Winkelarten:

Nullwinkel

keine Dehnung

Vollwinkel

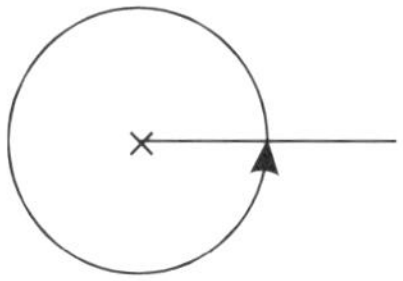

Volldrehung

gestreckter Winkel

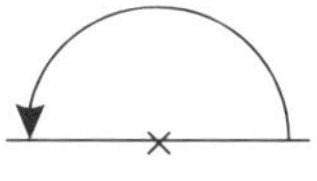

Halbdrehung

Rechter Winkel

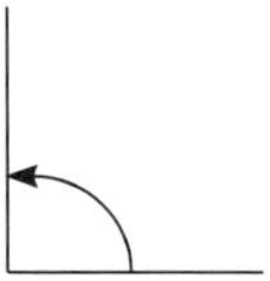

Vierteldrehung

Spitzer Winkel

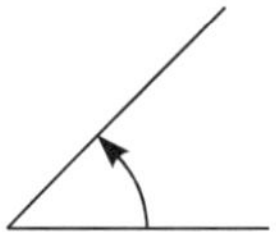

weniger als eine Vierteldrehung

Stumpfer Winkel

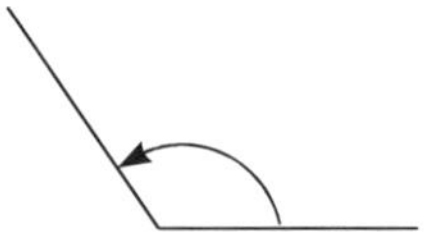

mehr als eine Viertel-, aber weniger als eine Halbdrehung

Überstumpfer Winkel

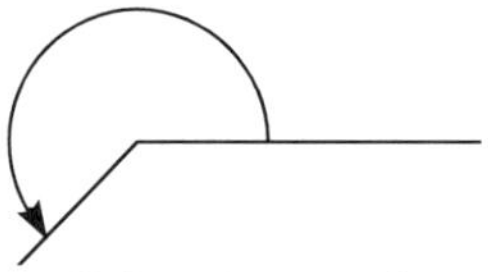

mehr als eine Halb-, aber weniger als eine Volldrehung.

13.2 Winkelmessung

Die Einheit **1 Grad = 1°** ist aus dem Vollwinkel entstanden. Der Vollwinkel wird in 360 gleiche Teile zerlegt. Ein solches schmales Winkelfeld stellt den Winkel 1 Grad dar.
Man kennt noch kleinere Winkeleinheiten:
1° wird in 60 Winkelminuten unterteilt:
1° = 60'
1' wird in 60 Winkelsekunden unterteilt:
1' = 60 "

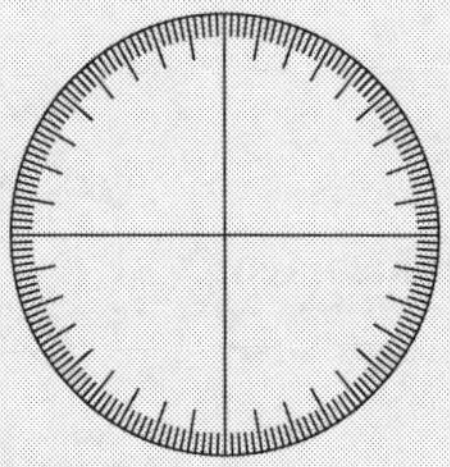

Beispiele:

1. Wandle um:
   a) 2° 11' = 120' + 11' = 131'
   b) 894' = 14 · 60' + 54' = 14° 54'

2. Berechne:
   a) 18° 27' + 63° 54' = 81° 81' = 82° 21'
   b) 54° 2'44" – 13° 18' 12" = 53° 62' 44" – 13° 18' 12" = 40° 44' 32"

Aufgaben

119. a) Wandle in Grad und Minuten um:
(1) 488' =
(2) 1 000' =
(3) 1° 792' =

b) Verwandle in Grad, Minuten und Sekunden:
(1) 4 000" =
(2) 48' 1 500" =
(3) 7° 119' 395" =

c) Berechne:
(1) 162° 19' + 208° 48' =
(2) 94° 6' 14" – 50° 18' 44" =
(3) 12° – 11° 58' 59" =

Die Größe eines Winkels wird mit dem **Geodreieck** gemessen. Auf ihm ist ein Halbkreis aufgezeichnet, der in 180 Teile geteilt ist. Ein Teil entspricht 1°.

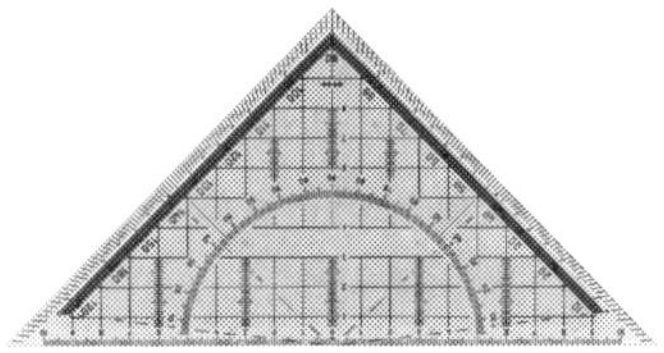

Beim **Messen** eines Winkels wird das Geodreieck mit der längeren Seite (siehe Skizze) so auf den Schenkel g gelegt, daß der Nullpunkt der Maßskala und der Scheitel S aufeinanderfallen. Der Schenkel h läßt uns dann auf der Maßskale die Größe des Winkels ablesen.

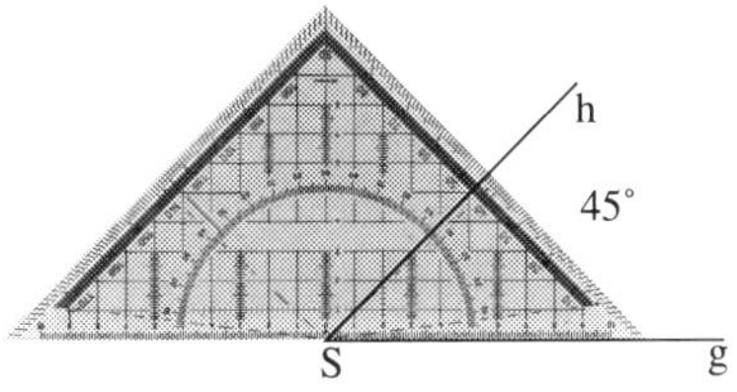

Bei einem Winkel größer als 180° addiert man den gemessenen Winkel α zum gestreckten Winkel 180°

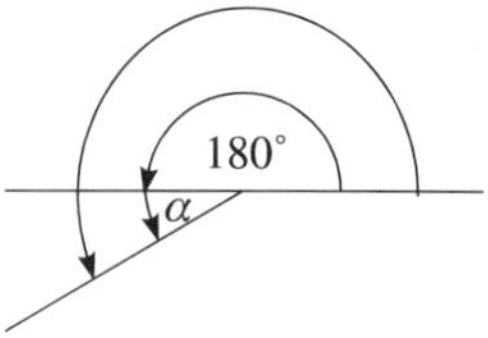

oder:

subtrahiert man den gemessenen Winkel β Vollwinkel 360°

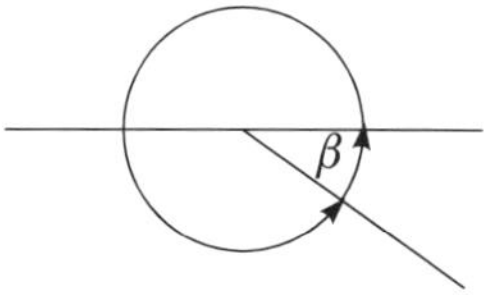

Beispiele:

1. Für die Größe der einzelnen Winkelarten gilt neben Nullwinkel (0°), gestrecktem Winkel (180°) und Vollwinkel (360°):

spitzer Winkel

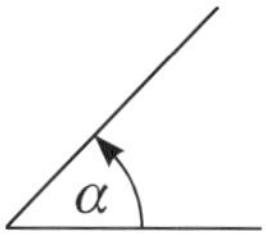

$0° < \alpha < 90°$

rechter Winkel

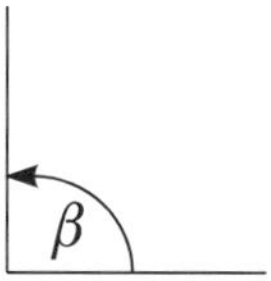

$\beta = 90°$

stumpfer Winkel

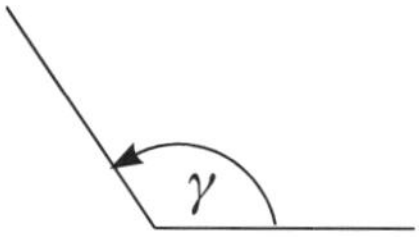

$90° < \gamma < 180°$

überstumpfer Winkel

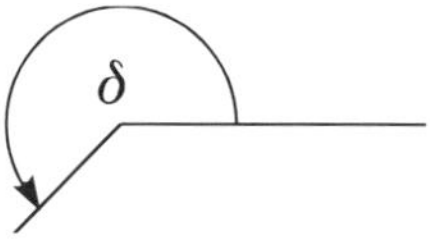

$180° < \delta < 360°$

2. Zeichne mit Hilfe des Geodreiecks die Winkel

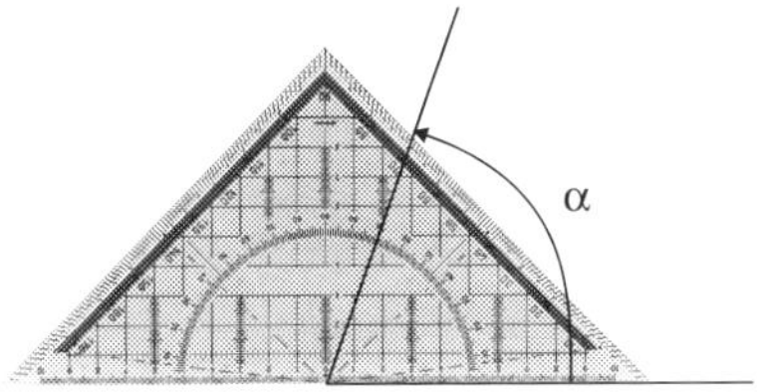

$\alpha = 72°$

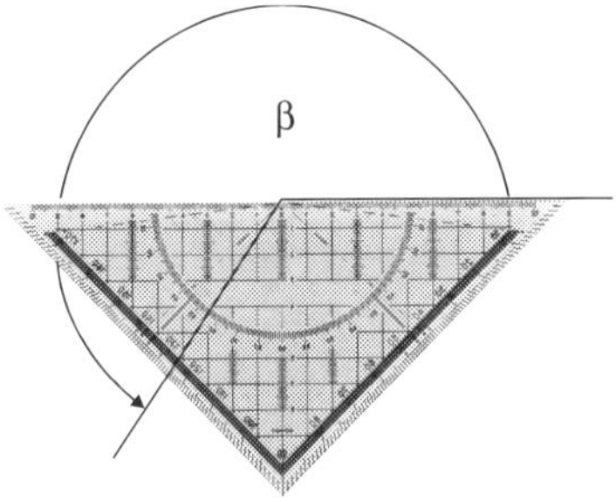

$\beta = 236°$

$\beta = 180° + 56°$

3. **Winkel an der Uhr:**

   Kleiner Zeiger (Stundenzeiger):

   1 h: 30°

   1 min: $\frac{1}{2}^{\circ} = 0{,}5°$

   Großer Zeiger (Minutenzeiger):

   1 h: 360°

   1 min: 360° : 60 = 6°

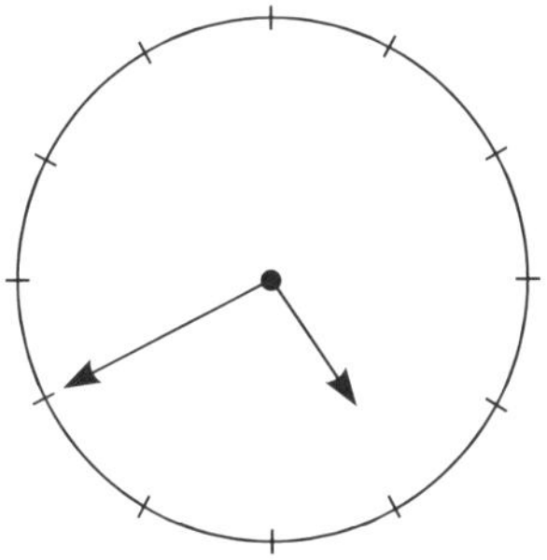

Für die Berechnung des Winkels der beiden Zeiger geht man von 0.00 Uhr aus.

Welchen Winkel schließen die Zeiger der Uhr um 4.40 Uhr ein?

Großer Zeiger: 40 min: $\alpha_1 = 40 \cdot 6° = 240°$

Kleiner Zeiger: 4 h 40 min: $\alpha_2 = 4 \cdot 30° + 40 \cdot 0{,}5° = 120° + 20° = 140°$

⇒ Die beiden Zeiger schließen einen Winkel von 240° – 140° = 100° ein.

Aufgaben

120. a) Welchen Winkel schließen der große und der kleine Zeiger der Uhr bei folgenden Uhrzeiten ein:

(1) 1.00 Uhr
(2) 15.30 Uhr
(3) 2.20 Uhr
(4) 18.45 Uhr

b) Zeichne ein Dreieck wie in der Skizze, miß die Winkel und vergleiche sie miteinander.

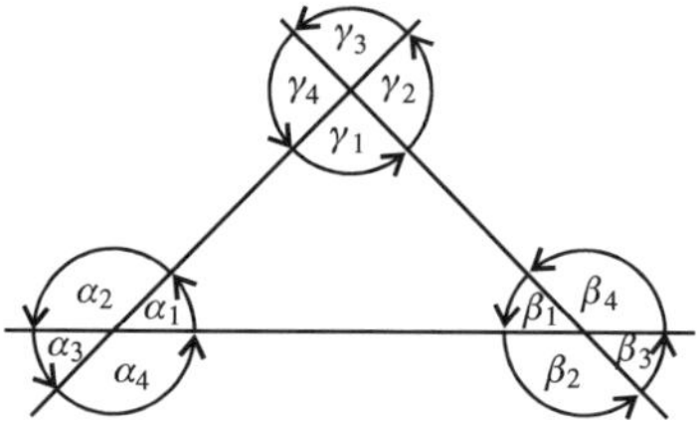

c) Zeichne eine Geradenkreuzung mit zwei parallelen Geraden wie in der Skizze, miß die angegebenen Winkel und vergleiche.

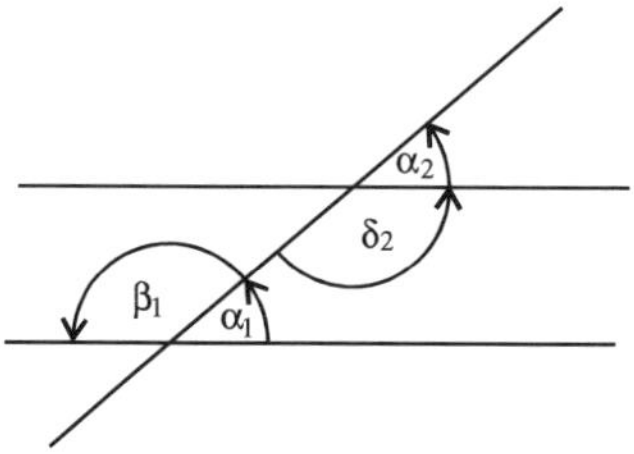

α_1 und α_2
α_1 und δ_2
β_1 und δ_2.

Prüfungsaufgaben

Die folgenden Aufgaben wurden als Klassenarbeiten gestellt oder Teile von Ihnen als Extemporalien. Die Bearbeitungszeit sollte ungefähr 45 Minuten betragen.

Lies die Aufgaben zuerst genau durch! Schaue die Lösung erst dann an, wenn du die Aufgabe fertig gelöst hast oder nicht weiter kommst!

Es kann durchaus sein, daß du mit einer Aufgabe, auch mit Hilfe der Lösung, (noch) nichts anfangen kannst. Das ist möglich, weil die Abfolge der einzelnen Themen des Lehrplanes nicht verbindlich ist und auch der Aufbau der Lehrbücher unterschiedlich ist. Warte dann mit der Lösung der Aufgabe, bis dieses Stoffgebiet im Unterricht besprochen wurde.

Aufgaben zu den Bruchzahlen

Aufgabe 1

1. Es sind folgende Bruchzahlen gegeben:
$\frac{2}{3}; \frac{9}{3}; \frac{6}{1}; \frac{1}{7}; \frac{2}{9}; 2\frac{2}{5}; \frac{6}{3}; \frac{7}{6}; \frac{9}{4}; \frac{1}{11}$
Fasse jeweils zu einer Menge zusammen:

a) alle echten Brüche,

b) alle Stammbrüche,

c) alle unechten Brüche,

d) alle Scheinbrüche.

2. Schreibe nur die Ergebnisse für ... auf:

a) 3 kg sind $\frac{1}{8}$ von ...

b) 75 min sind ... von 60 min.

3. Von einem Kuchen sind bereits $\frac{5}{12}$ verkauft worden. Der Rest kostet noch 14 DM. Wie teuer war der ganze Kuchen?

4. a) Kürze vollständig! Schreibe unter das "="-Zeichen jeweils die Zahl, mit der gekürzt wird:
$\frac{351}{585} =$

b) Kürze ohne vorheriges Ausmultiplizieren:
$\frac{85 \cdot 24 \cdot 55 \cdot 26}{25 \cdot 132 \cdot 68 \cdot 13} =$

c) Schreibe 150 : 8 als gemischte Zahl.

d) Ordne die Brüche $1\frac{7}{8}, \frac{19}{12}, \frac{11}{6}$ der Größe nach. Trage dann die Brüche auf einem Zahlenstrahl mit der Längeneinheit 3 cm ab.

5. Addiere und gib das Ergebnis vollständig gekürzt als gemischte Zahl an:

a) $8\frac{2}{3} + \frac{4}{27} + 2\frac{5}{6} =$

b) $\frac{2}{5}\text{kg} + \frac{3}{4}\text{kg} + \frac{3}{10}\text{kg} =$

6. Im bayerischen Landtag von 1990 ergab sich die folgende Sitzverteilung von Abgeordneten für die einzelnen Parteien:

CSU: 127 SPD: 58 FDP: 7 GRÜNE: 12

Gib den Anteil der Abgeordneten von CSU und den GRÜNEN an der Gesamtzahl aller Abgeordneten an. Kürze, wenn möglich.

Aufgabe 2

1. Schreibe

a) $\frac{104}{16}$ als gemischte Zahl,

b) $23\frac{4}{5}$ als unechten Bruch.

2. Kürze vollständig! Schreibe unter das "="-Zeichen jeweils die Zahl, mit der du kürzt:

a) $\frac{180}{315} =$

b) $\frac{72}{120} =$

3. a) Ordne die Brüche $\frac{5}{8}, \frac{3}{7}, \frac{9}{14}, \frac{3}{4}$ der Größe nach.

b) Trage auf einem Zahlenstrahl mit der Längeneinheit 3 cm die Brüche $\frac{5}{6}$ und $2\frac{2}{3}$ ein.

c) Gib vier weitere Zahlen zwischen den Zahlen $2\frac{3}{4}$ und $2\frac{4}{5}$ an.

4. Setze so in den Bruch ein, daß eine wahre Aussage entsteht. Schreibe die vollständige Aussage auf dein Blatt und beachte, daß nicht alle Aussagen eindeutig sind.

a) $\frac{\dots}{17} = 0$ b) $\frac{119}{\dots} = 1$ c) $\frac{\dots}{75} = 4$

d) $\frac{3}{7} > \frac{3}{\dots}$ e) $\frac{\dots}{9} < \frac{4}{9}$

5. Die Mathematikschulaufgabe von zwei 6. Klassen könnte das folgende Ergebnis haben:

Note	1	2	3	4	5	6
Anzahl	6	10	16	9	4	1

Berechne die Durchschnittsnote als gemischte Zahl.

6. Berechne:

a) $2\frac{1}{5}\text{ kg} + 150\text{ g} + \frac{3}{4}\text{ kg} =$

b) $2\frac{1}{2} + \frac{1}{3} + \frac{1}{6} + \frac{3}{2} + \frac{1}{2} =$

c) $\left(7\frac{4}{5} + \frac{9}{8}\right) + \left(4\frac{1}{5} + 8\frac{3}{8}\right) =$

Aufgabe 3

1. Schreibe

a) als gemischte Zahl:

(1) $\frac{43}{6}$

(2) 230 : 17

b) als unechten Bruch: $2\frac{5}{6}$

2. Vervollständige:

a) 50 g sind ... von 1 kg.

b) ... sind $\frac{4}{3}$ von 12 km

c) 2 DM 40 Pf sind $\frac{3}{8}$ von ...

Schreibe Ausrechnung und Ergebnisse auf das Blatt! Brüche sollen gekürzt sein!

3. a) Welche Zahlen werden am Zahlenstrahl dargestellt? Gib an, welche Zahlen die Buchstaben a, b, c sein sollen.

b) Zeichne einen Zahlenstrahl mit der Längeneinheit 5 cm und markiere die Zahlen $\frac{7}{5}$ und $2\frac{7}{10}$.

4. a) Kürze vollständig! Schreibe unter das "="-Zeichen jeweils die Zahl, mit der gekürzt wird:

(1) $\frac{42}{70} =$

(2) $\frac{68}{170} =$

b) Ordne die Brüche $\frac{4}{5}, \frac{5}{6}, \frac{7}{12}, \frac{23}{30}$ der Größe nach.

5. In der Klasse 6 a sind 11 Mädchen und 11 Jungen, in der Klasse 6 b sind 10 Mädchen und 13 Jungen. Berechne den Anteil der Mädchen von beiden 6. Klassen zusammen. (Kürzen nicht vergessen!)

6. Ein Pflock steckt 80 cm tief in der Erde. $\frac{2}{3}$ des Pflocks über der Erde sind weiß gestrichen. Der Rest von 20 cm ist blau angestrichen. Wie lang ist der Pflock?

Aufgabe 4

1. Vervollständige:

a) Ein Bruch $\frac{Z}{N}$ heißt echter Bruch, wenn... .

b) Kürzen heißt, ...

Mit Platzhaltern: ... .

2. a) Wie lautet das Hauptgesetz der Bruchrechnung mit Platzhaltern?

b) Welcher Wert ergibt sich jeweils?

(1) $\frac{10}{1} =$

(2) $\frac{0}{10} =$

(3) $\frac{10}{0} =$

3. a) Bestimme die Lösungsmenge L in $G = \mathbb{Q}_0^+$:

$\frac{7}{15} \cdot x - 28 = 91$

b) $\frac{3}{40}$ der Schülerinnen und Schüler einer Schule wurden am Ende eines Schuljahres nicht versetzt. Das waren 45 Schülerinnen und Schüler. Wie viele Schüler hatte die Schule?
(x-Ansatz und Lösung!)

4. a) Kürze vollständig:

$\frac{65 \cdot 42 \cdot 112}{64 \cdot 98 \cdot 39} =$

b) In einer Schulklasse sind 20 Jungen und 13 Mädchen. 24 der Schüler sind evangelisch, der Rest katholisch.
Welcher Bruchteil der Schüler sind Jungen, welcher Bruchteil der Schüler sind katholisch?

5. a) Ordne in einer steigenden Ungleichungskette. Bringe dazu die Brüche auf gleiche Zähler oder Nenner:

$\frac{1}{3}; \frac{3}{8}; \frac{5}{16}; \frac{7}{24}$

b) Ersetze Zähler und Nenner durch benachbarte Zahlen, so daß der Bruch dann durch Kürzen einfacher wird. Gib auch diesen gekürzten Bruch an:

$\frac{81}{101} \approx$

6. Bestimme die Lösungsmenge L in $G = \mathbb{Q}_0^+$.

a) $\frac{2 \cdot x}{21} = \frac{4}{7}$

b) $\left(\frac{5}{7} \cdot x\right)^2 = 100$

Aufgabe 5

1. Vervollständige:

a) Ein Bruch $\frac{Z}{N}$ heißt Scheinbruch, wenn ... .

b) Erweitern heißt, ...
Mit Platzhaltern: ... .

2. a) Schreibe als gemischte Zahl bzw. als unechten Bruch:

(1) $\frac{126}{25} =$

(2) $\frac{726}{43} =$

(3) $11\frac{1}{11} =$

(4) $7\frac{11}{17} =$

b) Welchen Wert haben für $a \in \mathbb{N}$:

(1) $\frac{a}{1}$

(2) $\frac{0}{a}$

(3) $\frac{a}{0}$

3. a) Bestimme die Lösungsmenge L in $G = \mathbb{Q}_0^+$:

$\frac{5}{7} \cdot x + 13 = 88$

b) Gib einen x-Ansatz an und berechne:
Ein Pfahl steckt mit $\frac{3}{8}$ seiner Länge x im Boden. Aus dem Boden schauen 1,35 m. Wie lang ist der gesamte Pfahl?

4. a) Kürze vollständig:

$\frac{36 \cdot 56 \cdot 95}{133 \cdot 80 \cdot 54} =$

b) Gewinn von 480 DM wird wie folgt aufgeteilt:
A erhält 144 DM, B erhält 96 DM und C den Rest. Welchen Bruchteil erhält jeder?

5. a) Ordne in einer steigenden Ungleichungskette, indem du die Brüche auf den Hauptnenner bringst: $\frac{5}{18}$; $\frac{1}{4}$; $\frac{4}{12}$; $\frac{2}{9}$

b) Ersetze Zähler und Nenner durch benachbarte Zahlen, so daß der neue Bruch durch Kürzen einfacher wird. Gib auch den gekürzten Bruch an:
$$\frac{26}{99} \approx$$

c) Setze das richtige Zeichen (<, =, >) für ... ein:

(1) $\frac{5}{13} \ldots \frac{5}{14}$

(2) $\frac{13}{17} \ldots \frac{14}{17}$

(3) $\frac{13}{15} \ldots \frac{7}{8}$

(4) $8\frac{1}{5} \ldots 7\frac{5}{4}$

6. Bestimme ein $x \in \mathbb{N}$ so, daß gilt:

a) $\frac{8+x}{30} = \frac{3}{5}$

b) $\left(\frac{3}{5} \cdot x\right)^2 - 2 = 79$

Aufgabe 6

1. Stelle jeweils eine Gleichung auf und löse diese:

a) Wenn man $\frac{5}{8}$ einer Zahl quadriert, erhält man 225. Wie heißt die Zahl?

b) Man verkürzt eine Strecke auf beiden Seiten um $\frac{1}{6}$ ihrer Länge. Über der neuen Strecke zeichnet man ein Quadrat, das dann den Flächeninhalt von 64 cm^2 besitzt. Wie lang war die Strecke.

2. Kürze so weit wie möglich

$$\frac{85 \cdot 24 \cdot 55 \cdot 26}{13 \cdot 68 \cdot 132 \cdot 25} =$$

3. Bestimme in der folgenden Menge von Brüchen das kleinste Element.

$$\left\{\frac{4}{5}; \frac{8}{9}; \frac{4}{7}; \frac{5}{9}\right\}$$

4. a) Schreibe die Kürzungsregel für Brüche mit Platzhalter auf.

b) Vervollständige die folgende Regel:

$\frac{a}{b} < \frac{a}{c}$, wenn .... .

5. Berechne die Werte der folgenden Terme:

a) $3\frac{13}{18} - \frac{4}{27} =$

b) $17\frac{14}{33} + \frac{4}{77} + 3\frac{19}{33} =$

6. Bestimme jeweils die Lösungsmenge L in $G = \mathbb{Q}_0^+$:

a) $x - \frac{3}{5}x - \frac{1}{10}x = 21$

b) $x + \frac{1}{2}x - \frac{5}{8}x = 0$

c) $\frac{16 + x}{3} = \frac{108}{9}$

Aufgaben zum Rechnen mit Bruchzahlen

Aufgabe 7

Beachte: Alle Ergebnisse müssen vollständig gekürzt sein und sollen gegebenenfalls als gemischte Zahlen angegeben werden!

1. Rechne möglichst geschickt:

$$8\frac{4}{7}:4+2\frac{1}{4}:3+5\cdot 3\frac{1}{2}-5:2\frac{1}{2}-1\frac{3}{8}:3\frac{1}{2}=$$

2. Berechne:

$$6\frac{1}{2}:\left[5:\left(9\frac{2}{3}-6\frac{5}{12}\right)\right]=$$

3. Löse die Gleichung in $G = \mathbb{Q}_0^+$:

a) $\left(12\frac{3}{18}-2\frac{5}{12}\right)+x=9\frac{4}{5}+4\frac{3}{4}$

b) Formuliere zur Gleichung in a) eine Wortform.

4. Welche Zahl muß man zum Quotienten der Zahlen $4\frac{2}{3}$ und $1\frac{5}{6}$ addieren, um die Differenz dieser Zahlen zu erhalten?
(x-Ansatz und Lösung!)

5. Der unvermeidliche Doppelbruch:

$$\frac{\frac{4}{5}-\frac{4}{5}:2\frac{2}{3}+4\frac{1}{3}}{3\frac{2}{3}\cdot\left(5\frac{1}{6}-2\frac{2}{3}\right)+\frac{1}{2}}=$$

6. Florian hat im Lotto gewonnen. Von seinem Gewinn will er $\frac{4}{7}$ zur Bank bringen und sparen. Vom Rest möchte er $\frac{4}{9}$ seiner Schwester schenken. Das übrige Geld nimmt Florian für eigene Anschaffungen her.

a) Welchen Anteil des Gewinnes gibt Florian für sich aus?
(Gesamtansatz verlangt!)

b) Wie hoch war der Gewinn, wenn seine Schwester 4 000 DM erhält?

Aufgabe 8

1. Rechne möglichst geschickt:

a) $99\frac{6}{7} : 3 =$

b) $81\frac{2}{5} : 4 =$

c) $888\frac{2}{3} : 8 =$

d) $17\frac{2}{3} \cdot 6 =$

2. Welche Zahl muß man von der Summe der Zahlen $7\frac{3}{5}$ und $8\frac{1}{4}$ subtrahieren, um die Differenz der Zahlen $21\frac{2}{15}$ und $5\frac{3}{10}$ zu erhalten?

3. Berechne:

$$3\frac{1}{3} \cdot \left(\frac{3}{4}\right)^2 - 1\frac{1}{12} + 4 : 2\frac{6}{7} + 8\frac{1}{3} \cdot 5\frac{2}{5} =$$

4. Der unvermeindliche Doppelbruch:

$$\frac{3\frac{3}{14} : \left(\frac{5}{6} + \frac{1}{4} \cdot 1\frac{3}{7}\right)}{2\frac{4}{5} - 1\frac{9}{20}} =$$

5. Gib die Lösungsmenge in $G = \mathbb{Q}_0^+$ an:

a) $4 \cdot x + 7\frac{4}{5} : 3\frac{7}{15} = 21\frac{1}{8}$

b) $\frac{3}{4} \leq \frac{x}{56} < 1\frac{3}{8}$

6. Für eine CD mußte Daniel $\frac{3}{7}$ seines Taschengeldes ausgeben, ein Kinobesuch kostete ihm nochmals $\frac{1}{4}$ seines Taschengeldes. Übrig blieben Daniel 18 DM. Wieviel Taschengeld bekommt Daniel?

Aufgabe 9

1. Berechne:

a) $2\frac{1}{4} \cdot 12 - 10\frac{1}{2} : 5 =$

b) $\left(10\frac{1}{3} + \frac{7}{12} - 8\frac{7}{8}\right) : 3\frac{1}{2} =$

c) $1\frac{7}{32} \cdot 1\frac{7}{11} \cdot 5\frac{14}{39} =$

2. Welche Zahl muß man zur Differenz der Zahlen $2\frac{4}{15}$ und $\frac{5}{6}$ addieren, um das Produkt dieser Zahlen zu erhalten?
(x-Ansatz und Lösung!)

3. Löse in $G = \mathbb{Q}_0^+$:

$$\left[\left(5\frac{1}{3}\right)^2 - \left(2\frac{1}{3}\right)^2 - 2 \cdot 11\frac{1}{2}\right] \cdot x = 4\frac{1}{7} - 1\frac{1}{14}$$

4. Ein Wanderer legt am ersten Tag seiner viertägigen Tour $\frac{1}{5}$ des gesamten Weges zurück. Am 2. Tag geht er den dritten Teil der restlichen Strecke. Am 3. Tag bewältigt er eine doppelt so lange Strecke wie am ersten Tag. Um sein Ziel zu erreichen muß er am vierten Tag noch 12 km zurücklegen.
Wie lang ist die Gesamtstrecke?
(Gesamtansatz und Lösung!)

5. Welche Zahl liegt auf dem Zahlenstrahl in der Mitte zwischen den Zahlen $2\frac{1}{4}$ und $2\frac{2}{5}$?

6. Gib die Lösungsmenge der folgenden Gleichung für $G = \mathbb{Q}_0^+$ und $G = \mathbb{N}$ an:

$$x - \frac{2}{5} \cdot x - \frac{1}{2} \cdot x = \frac{1}{3}$$

Aufgabe 10

1. a) Wie lautet das Gesetz für die Division von Brüchen mit Platzhaltern?

b) Zu welcher Zahl aus $\mathbb{Q}_0^+$ gibt es keinen Kehrbruch?

c) Wie heißen die Zahlen aus $\mathbb{Q}_0^+$, deren Kehrbruch eine natürliche Zahl ist?

2. a) Zeige durch Rechnung: $\left(3\frac{1}{2}\right)^2 + \left(4\frac{1}{2}\right)^2 - \left(5\frac{1}{2}\right)^2 = \left(1\frac{1}{2}\right)^2$

b) Berechne: $\left(7\frac{1}{3} - 1\frac{7}{8} \cdot 3\frac{5}{9}\right) : \left(2\frac{1}{10} : \frac{14}{25} - 2\frac{1}{4}\right) =$

3. Berechne:

$$\frac{\left(4\frac{1}{2}\right)^2 : 6\frac{3}{4}}{4\frac{1}{4} : 2\frac{1}{8} - 1\frac{3}{4}} =$$

4. Bestimme die Lösungsmenge L in G = $\mathbb{Q}_0^+$:

a) $2\frac{1}{2} : x = 1\frac{7}{18}$

b) $x^2 - 1 = 2\frac{6}{25}$

c) $2 \cdot x - \frac{1}{3} \cdot x - \frac{1}{6} \cdot x = \frac{3}{4}$

5. a) Welche Zahl muß man durch die Summe der Zahlen $1\frac{1}{2}$ und $1\frac{3}{4}$ dividieren, um $3\frac{1}{13}$ zu erhalten? (Ansatz und Lösung!)

b) Dividiere die Summe der Zahlen $3\frac{1}{3}$ und $2\frac{1}{6}$ durch die Differenz dieser Zahlen und addiere zum Ergebnis das Quadrat der Zahl $1\frac{1}{7}$.

6. Eine Händlerin nimmt aus einem vollen Faß mit Wein zuerst $\frac{4}{9}$ des Inhalts heraus, dann noch 5 Liter. Jetzt ist das Faß noch halb voll.
Wie viele Liter Wein waren in dem vollen Faß?

Aufgabe 11

1. a) Wie lautet das Gesetz der Division eines Bruches durch eine natürliche Zahl mit Platzhaltern?

b) Wie heißt der Kehrbruch des Kehrbruches eines Stammbruches?

c) Gibt es in $\mathbb{Q}_0^+$ Zahlen, die mit ihrem Kehrbruch übereinstimmen?

2. Berechne:

a) $\left(7\frac{1}{14}\cdot 21\right):33=$

b) $\left[\left(3\frac{1}{2}\right)^2:6\frac{1}{8}\right]:\left[\left(1\frac{1}{2}\right)^2-4\frac{1}{3}:2\frac{1}{6}\right]=$

3. Berechne: $\left(3\frac{3}{4}-1\frac{5}{16}\cdot 1\frac{5}{7}\right):\left(2\frac{11}{12}\cdot\frac{9}{10}-2\frac{1}{4}\right)-\left(1\frac{7}{8}\right)^2=$

4. Bestimme jeweils L in G = $\mathbb{Q}_0^+$:

a) $2\frac{5}{12}:x=2\frac{4}{27}$

b) $x^2+3=4\frac{32}{49}$

c) $\left[\left(4\frac{1}{2}\right)^2-\left(2\frac{1}{2}\right)^2-6\cdot 2\frac{1}{3}\right]\cdot x=5\frac{1}{6}-2\frac{1}{12}$

5. Von einer Stange schneidet man $\frac{2}{5}$ der Länge ab. Vom Rest nimmt man noch $\frac{5}{7}$ weg. Das sind $1\frac{4}{5}$ m.
Wie lang war die Stange ursprünglich? (Ansatz und Lösung!)

6. Eine Grundschule hat vier Klassenstufen. In der 1. Klasse sind $\frac{3}{7}$ der Schüler, in der 2. Klasse sind $\frac{1}{4}$, in der 3. Klasse $\frac{1}{6}$ und in der 4. Klasse die übrigen 26 Schüler.
Wie viele Schüler sind in den einzelnen Klassenstufen? Wie hoch ist die Gesamtschülerzahl?

Aufgabe 12

1. Berechne:

a) $\frac{4}{3} - \frac{3}{4} =$

b) $\frac{8 - 5\frac{1}{2}}{\left(\frac{2}{3}\right)^2 - \left(\frac{1}{3}\right)^2} =$

2. Bestimme jeweils die Lösungsmenge L:

a) $\left(4\frac{1}{3} + 2\frac{1}{6} - 6\frac{1}{2}\right) \cdot x = 0$; $G = \mathbb{Q}_0^+$

b) $x + \frac{1}{8}x + \frac{1}{4}x = 0$; $G = \mathbb{Q}_0^+$

c) $x^2 > \frac{1}{49}$; $G = \{x \mid x \text{ ist Stammbruch}\}$

3. a) Durch welche Zahl muß man 8 dividieren, um 56 zu erhalten?

b) Welche Zahl ist um $2\frac{3}{5}$ kleiner als der 5. Teil von $17\frac{1}{5}$?

4. Der Flächeninhalt eines Rechtecks beträgt $3\frac{8}{9}\,m^2$. Die eine Seite mißt $1\frac{2}{3}$ m. Wie groß ist der Umfang des Rechtecks?

5. Herr Meier erbt einen Geldbetrag. $\frac{2}{3}$ des Geldes zahlt sie auf ihr Sparbuch ein. $\frac{1}{5}$ des restlichen Geldes schenkt sie ihrem Sohn. Für $\frac{2}{5}$ des jetzt noch verbleibenden Geldes kauft sie ihrem Mann einen Wintermantel. Die restlichen 1 200 DM hebt sie zu Hause auf.

a) Wieviel Geld erbt Frau Meier?

b) Wie teuer war der Wintermantel für ihrem Mann?

6. a) Ordne folgende Dezimalbrüche in Form einer steigenden Ungleichungskette:
7,231; 7,031; 7,203; 7,32; 7,23; 7,302; 7,3

b) Gib die Menge aller zweistelligen Dezimalbrüche an, die die folgende Ungleichung erfüllen: $2{,}14 < x < 2{,}2$

Aufgaben zu Dezimalbrüchen

Aufgabe 13

Beachte: Nicht mit unendlichen Dezimalbrüchen rechnen! Auch die Ergebnisse dürfen keine unendlichen Dezimalbrüche sein!

1. Gemischte Rechnungen zum Einstieg:

a) $0{,}07302 \cdot 2\,000 =$

b) $2\frac{3}{7} \cdot 0{,}049 =$

c) $30{,}5 : 2\frac{4}{5} =$

2. a) Führe nur eine Überschlagsrechnung durch:
$6{,}8 : 0{,}0659 - 0{,}0876 \cdot 9{,}3 =$

b) Gib alle vierstelligen Dezimalbrüche an, die beim Runden 0,03 ergeben.

3. Gib den Quotientenwert auf 3 Dezimalen gerundet an:

$$\frac{0{,}0156 \cdot 1{,}75 \cdot 13{,}2}{2{,}75 \cdot 0{,}336 \cdot 0{,}208} =$$

4. Berechne:

$$(4{,}04 - 2{,}201) : 0{,}012 - 51{,}66 - \frac{3}{7} \cdot \left(9\frac{3}{4} - 6{,}04\right) =$$

5. Wandle in Dezimalbrüche um und berechne dann:

$$\frac{4\frac{3}{8} \cdot 5 - 2\frac{1}{4} : 3}{2{,}5 \cdot 2\frac{1}{2} - 0{,}3 \cdot 20\frac{2}{5}} =$$

6. Für die Fahrt zu ihrem 1 500 km entfernten Urlaubsort mußte Familie Schmidt 50 Liter Benzin zu 1,13 DM je Liter und 80 Liter zu 1,48 DM je Liter tanken. Außerdem fielen 82 DM Autobahngebühren an.

a) Wieviel Geld mußte Familie Schmidt insgesamt für die Anreise ausgeben?

b) Wie viele Liter hat das Auto durchschnittlich auf 100 km verbraucht? Runde das Ergebnis auf 1 Dezimale.

Aufgabe 14

1. Runde auf die in Klammern angegebene Genauigkeit bzw. Einheit:

a) 168,449 (1 D)

b) 0,78951 (3 D)

c) 0,0798 t (kg)

d) 0,53 h (min)

2. In der Zeitung stand, daß eine Brücke 4,5 Millionen DM kostete. Zwischen welchen Beträgen (in ganzen DM) lagen demnach die genauen Kosten?

3. a) Im Heft von Klaus steht:

$$\frac{4}{7} = 0,\overline{5714285}$$

Erläutere, ohne zu dividieren, warum dies nicht stimmen kann.

b) Ergibt $\frac{113}{2\,000}$ einen endlichen oder einen unendlichen periodischen Dezimalbruch?

Erkläre, ohne zu dividieren.

4. Löse die Gleichung in $G = \mathbb{Q}_0^+$:

a) $1,4 \cdot 1,5 + x = 8,7 \cdot 0,2 \cdot 2,5$

b) $x^2 + 3 = 3,49$

5. Berechne:

a) $2,4 \cdot \frac{1}{8} + 3,6 : \frac{1}{3} =$

b) $\left(\frac{3}{8} + 80 \cdot 0,04\right) : 2,5 - 4,73 : 5,5 =$

6. Im Laufe eines Jahres kostete $\frac{1}{2}$ kg Kaffee der Sorte "Mild" vier Monate lang 6,90 DM, 5 Monate lang 7,20 DM und den Rest des Jahres 6,70 DM.
Berechne den durchschnittlichen Kaffeepreis auf Pf genau.

Aufgabe 15

1. a) Wandle 4,24 in einen gewöhnlichen Bruch um.

b) Wandle $\frac{7}{6}$ in einen Dezimalbruch um.

c) Rechne mit Rechenvorteil:
$77{,}8 \cdot 30{,}5 + 30{,}5 \cdot 22{,}2 =$

2. Berechne ohne Nebenrechnung:

a) $(0{,}008 \cdot 9300 - 6{,}003 : 0{,}09) - 0{,}0912 : 0{,}3 =$

b) $\dfrac{0{,}0289 \cdot 8{,}4}{0{,}035 \cdot 8{,}5 \cdot 2{,}04} =$

3. Wandle die gewöhnlichen Brüche in Dezimalbrüche um und vereinfache dann:

$$\left(9\frac{4}{5} \cdot 6 + 3\frac{3}{4} : 0{,}6\right) - 5 \cdot \left(8\frac{7}{10} \cdot 0{,}3 - 2\frac{5}{8} \cdot 0{,}7\right) =$$

4. a) Gib drei Zahlen an, die zwischen $\frac{3}{20}$ und 0,151 liegen.
Wie viele Zahlen kann man zwischen den beiden Zahlen finden?

b) Führe nur eine sinnvolle Überschlagsrechnung durch:
$0{,}043 \cdot 1980 - 0{,}068 : 0{,}0071 \approx$

5. Welche Zahl muß zum Quadrat der Differenz aus 2,6 und 2,4 addieren, um die Differenz der Quadrate der beiden Zahlen zu erhalten?
(x-Ansatz und Lösung!)

6. Beim Bobfahren im Eiskanal werden die Zeiten auf $\frac{1}{1\,000}$ s genau gemessen. Welchen Weg legt ein Bob in 0,005 s zurück, wenn seine Geschwindigkeit $90\,\frac{\text{km}}{\text{h}}$ beträgt?

Aufgabe 16

1. a) Welche Zahlenmenge M wird durch den gerundeten Dezimalbruch 0,54 erfaßt?
(Schreibweise: M = {x | ...})

b) Beschreibe in Worten, wie ein Dezimalbruch durch eine natürliche Zahl dividiert wird.

2. a) Schreibe mit der angegebenen Maßeinheit und runde dann so, daß die Maßzahl eine natürliche Zahl wird.
0,0857637 ha = $\quad$ m^2 ≈ $\quad$ m^2

b) Verwandle in die angegebene Einheit:
(1) 2,5 cm = $\quad$ dm^2
(2) 1,1 hℓ = $\quad$ ℓ
(3) 8,90 t = $\quad$ kg
(4) 17 cm = $\quad$ km

3. Berechne:

a) $\dfrac{1,21 \cdot 32 \cdot 2,25}{15 \cdot 1,1 \cdot 1,6} =$

b) (9,32 + 8,176 – 15,304) : 1,37 + (3 – 2,25) · 3,2 =

4. a) Bestimme die Lösungsmenge L in $G = \mathbb{Q}_0^+$:
(1) x · (62 – 27,4) = 1,1072 · 2
(2) $(1,2 \cdot x)^2 = 5,76$

b) Durch welche Zahl muß man die Summe der Zahlen 60,94 und 24,16 dividieren, um die Differenz der Zahlen 4,94 und 1,24 zu erhalten?

5. Ein Obsthändler kauft 40 kg Äpfel zu einem Preis von insgesamt 80 DM ein. Er verkauft 24 kg zu einem Preis von 2,40 DM pro kg. Den Rest muß er so verkaufen, daß er am Schluß keinen Gewinn und keinen Verlust hat.
Wie teuer mußte er 1 kg des Restes verkaufen?

6. a) Begründe mit der Regel, welche Art von Dezimalbruch als Ergebnis der Division 7 : 22 auftreten muß. Führe dann diese Division durch.

b) Verwandle $16\frac{13}{33}$ in eine Dezimalzahl.

Aufgabe 17

1. Schreibe mit der angegebenen Einheit und runde dann so, daß die Maßzahl eine natürliche Zahl wird.

a) 0,59499 m^2 (dm^2)

b) 0,06759 kg (g)

c) 7,14158 km (m)

d) 8,5 $h\ell$ (ℓ)

2. a) Gib das Ergebnis in dm^2 an: 2,1 a – 3 125 cm^2 =

b) Gib das Ergebnis in h an: 120 min + 3,875 h + 0,3 Tage =

3. Berechne den Wert des Terms und gib das Ergebnis in m an:
7,4 m + 13,86 dm – 453 cm + 26,48 dm + 5 040 cm =

4. Berechne den Wert des folgenden Terms:

$2{,}34 \cdot (2{,}159 + 1{,}441) + (1{,}08 \cdot 0{,}16) : (8{,}746 - 8{,}446) =$

5. Berechne den Wert des Bruchterms:

$$\frac{1{,}96 \cdot 1{,}8 \cdot 24}{1{,}4 \cdot 6{,}3 \cdot 0{,}32} =$$

6. a) Zu welcher Zahl muß man den dreifachen Quotienten der Zahlen 1,95 und 1,3 addieren, um die Differenz der Quadrate der Zahlen 2,5 und 1,2 zu erhalten?

b) Gib als Dezimalbruch an:

(1) 312 : 16 =

(2) 11 : 9 =

(3) 25 : 22 =

Aufgabe 18

1. a) Ordne der Größe nach:
0,005032; 0,005302; 0,000532; 0,005320

b) Runde folgende Dezimalbrüche mit der in Klammern angegebenen Genauigkeit:
(1) 0,004 999 (2 D)
(2) 34,4996 (3 D)

c) Die Zahl 2,34 ist ein gerundeter Dezimalbruch. Schreibe die Zahlenmenge M auf, die durch den gerundeten Dezimalbruch erfaßt wird.
(Schreibweise: $M = \{x \mid ...\}$)

2. a) Berechne: $10{,}873 - 2{,}04 - 5{,}602 + 1{,}1 =$

b) Rechne mit Vorteil: $0{,}732 \cdot 9{,}007 + 1{,}268 \cdot 9{,}007 =$

3. Bestimme jeweils die Lösungsmenge L in $G = \mathbb{Q}_0^+$:

a) $x^2 = 0{,}0036$

b) $x^2 - 1 = 0,$

c) $x \cdot (74{,}8 - 12{,}3) = 156{,}25 \cdot 0{,}2$

4. Berechne:

a) $39{,}252 : 0{,}12 =$

b) $\dfrac{1{,}9 \cdot 0{,}075 \cdot 3{,}9}{0{,}15 \cdot 0{,}91 \cdot 9{,}5} =$

5. Durch welche Zahl muß man die Summe der Zahlen 65,734 und 9,53 dividieren, um die Differenz der Zahlen 5,85 und 2,01 zu erhalten?
(Ansatz und Lösung!)

6. Verwandle jeweils in einen Dezimalbruch:

a) $\dfrac{3}{40} =$

b) $\dfrac{2}{11} =$

c) $11 : 6 =$

Aufgaben zur Umwandlung von Dezimalbrüchen und zur Prozentrechnung

Aufgabe 19

mein gilt: Sinnvoll runden falls Divisionen nicht aufgehen!

1. a) Gib $\frac{3}{8}$ in % an.

b) Schreibe 2,5 % als gewöhnlichen Bruch.

2. Grundaufgaben der Prozentrechnung:

a) Wieviel sind 80 % von 46 kg?

b) 120 % einer Strecke G sind 4,8 km. Wie lang ist die G?

c) In einer Klasse sind 12 Mädchen und 18 Jungen. Wie hoch ist der prozentuale Anteil der Jungen in der Klasse?

3. Herr Raser fährt in München statt der zugelassenen $50\frac{\text{km}}{\text{h}}$ viel schneller, nämlich $70\frac{\text{km}}{\text{h}}$. Um wieviel Prozent überschreitet Herr Raser die zulässige Geschwindigkeit?

4. Der Rechnungsbetrag für eine Lieferung keramischer Fliesen beträgt 206,11 DM.

a) Wird die Rechnung innerhalb von 8 Tagen bezahlt, so können vom Rechnungsbetrag 2 % abgezogen werden. Welcher Betrag muß dann an die Firma gezahlt werden?

b) Im Rechnungsbetrag sind 15 % Mehrwertsteuer enthalten. Wie groß ist der Nettobetrag, also der Rechnungsbetrag abzüglich Mehrwertsteuer? (Beachte, daß die 15 % Mehrwertsteuer vom Nettobetrag genommen werden!)

5. Eine Firma produziert Fernseher. In der Endkontrolle werden diese geprüft. Dabei stellen sich durchschnittlich 4 % aller produzierten Fernseher als defekt heraus. In den Verkauf gelangen die intakten Fernseher, das sind täglich 4 032 Geräte.
Wie hoch ist die Tagesproduktion an Fernsehern in der Firma?
Wie viele Fernseher werden durchschnittlich täglich von der Kontrolle als defekt erkannt?

6. Ein Würfel hat die Kantenlänge 20 cm. Verkürzt man eine Kante um 20 % und verlängert man die beiden anderen Kanten jeweils um 10 %, so entsteht ein Quader. Berechne, um wieviel % das Volumen des Quaders größer oder kleiner ist als das Volumen des Würfels. (Antwort!)

Aufgabe 20

1. Gib in % an:

a) $\frac{34}{40} =$

b) 0,035 =

2. Schreibe als Bruchteil (gewöhnlicher Bruch):

a) 4,5 % =

b) $4\frac{1}{6}$ % =

3. Robert hat 4,50 DM, Katrin hat 7,50 DM. Katrin schenkt Robert 1,50 DM.

a) Wieviel % ihres Geldes hat Katrin verschenkt?

b) Wieviel % seines Geldes hat Robert erhalten?

4. a) Christinas Taschengeld von 40 DM wurde zuerst um $12\frac{1}{2}$ % erhöht, später noch einmal um 20 %. Wieviel erhält sie jetzt Taschengeld?

b) In einer Fabrik werden Schrauben produziert. Erfahrungsgemäß sind 1,5 % der Schrauben unbrauchbar. Wie viele Schrauben wurden hergestellt, wenn 150 aussortiert werden mußten?

c) Zur Errichtung eines Gehweges benötigt Frau Baufix 240 Platten. Erfahrungsgemäß entstehen beim Verlegen 4 % Bruch. Wie viele Platten muß sie bestellen?

5. Familienvater Sparsam muß bei 4 000 DM Monatsgehalt 460 DM Lohnsteuer bezahlen.

a) Wieviel % des Gehaltes verbleiben nach Abzug der Lohnsteuer?

b) Auch Kirchensteuer muß bezahlt werden. Sie beträgt 8 % der Lohnsteuer. Wieviel DM sind das?

6. Tochter Julia Sparsam hat ein großes Problem: Sie möchte sich ein Mofa kaufen, das 1 800 DM kostet, hat selbst aber nur 600 DM. Sie prüft zwei Möglichkeiten der Restfinanzierung:

a) Sie könnte den Restbetrag in 10 Monatsraten von je 150 DM bezahlen. Um wieviel % kostet ihr dann das ganze Mofa mehr?

b) Sie könnte bei einer Bank ein Darlehen in Höhe des Restbetrages aufnehmen, für das sie 9 % Zinsen zahlen muß. Nach wie vielen Tagen müßte Julia alles zurückgezahlt haben, wenn sie auf den gleichen Betrag wie in a kommen will?

c) Was würdest du ihr raten? (Kurze Begründung!)

Aufgabe 21

1. a) Schreibe als gewöhnlichen Bruch: 12,5 % =

b) Schreibe als Dezimalbruch: 3,5 % =

2. Gib jeweils in % an:

a) 0,30506 =

b) $\frac{18}{40} =$

c) $1\frac{1}{2} =$

3. a) Welchen Zins bringen 4 000 DM bei 4,5 % in 90 Tagen?

b) Bei einem Prozentsatz von 6,5 % ergaben sich nach einem Jahr 3 195 DM als Summe aus Guthaben und Zinsen. Wie groß war das ursprüngliche Guthaben?

c) Für einen Kredit in Höhe von 18 000 DM, der am 16. März aufgenommen wurde, mußte eine Bankkundin 420 DM Zinsen bei einem Zinssatz von 10,5 % zahlen.
An welchem Tag hat sie den Kredit zurückgezahlt?

4. Die Miete einer Wohnung wurde um 15 % erhöht, so daß 95,40 DM mehr zu bezahlen sind. Wie hoch war die alte und wie hoch ist die neue Miete?

5. Die Reparatur eines Autos kostet 455,50 DM, dazu kommen 15 % Mehrwertsteuer. Wenn die Rechnung innerhalb von 10 Tagen beglichen wird, können vom Rechnungsendbetrag (mit Mehrwertsteuer) 2 % Skonto abgezogen werden. Wieviel wäre in diesem Fall zu bezahlen? (Runde sinnvoll!)

6. Herr Schmidt tankte an einer Tankstelle in Deutschland 55 Liter Benzin für 1,55 DM je Liter. Wie viele Liter hätte er im nahen Ausland bekommen, wenn dort das Benzin um 30 Pf je Liter billiger ist?

Aufgabe 22

1. Vewandle in einen gemeinen Bruch:

a) $1{,}74 : 2{,}2 =$

b) 0,379 379...

c) $0{,}6\overline{3} =$

2. a) Gib eine Zahl zwischen $0{,}\overline{25}$ und 0,25 an.

b) Berechne:

(1) $\dfrac{9{,}6 \cdot 14{,}3}{0{,}26} - 0{,}\overline{54} : \dfrac{3}{11} =$

(2) $\dfrac{1{,}96 \cdot 1{,}8 \cdot 24}{1{,}4 \cdot 6{,}3 \cdot 0{,}32 \cdot 2{,}5} =$

3. a) Corinna erreicht zu Fuß eine durchschnittliche Geschwindigkeit von 2 m pro Sekunde. Gib die Geschwindigkeit in $\frac{\text{km}}{\text{h}}$ an.

b) Ein Schwimmbecken das 9 m lang, $4\frac{1}{2}$ m breit und 1,8 m tief ist, soll innen neu gefliest werde. Eine Packung Fliesen reicht für 4,5 m^2.
Wie viele Packungen Fliesen werden benötigt?

4. a) Schreibe in %:

(1) $\frac{1}{3} =$

(2) $\frac{7}{8} =$

(3) $\frac{5}{4} =$

b) Berechne:

(1) 0,5 % von 6 km (in m)

(2) 140 % von 14 kg (in kg)

5. a) Ein Kaufmann gibt beim Ausverkauf 40 % Ermäßigung, so daß ein Paar Schuhe noch 114 DM kosten. Wie hoch war der Preis vorher?

b) Von den 560 Schülern einer Schule sind 364 Jungen. Wie hoch ist der Prozentsatz der Mädchen?

6. Der Preis für einen Bauplatz stieg vor drei Jahren um 5 %. Jetzt hat die Besitzerin den Preis nochmals um 20 % angehoben und bietet den Bauplatz für 78 120 DM an. Wie hoch war der ursprüngliche Preis des Bauplatzes?

Aufgabe 23

1. Verwandle in einen Dezimalbruch:

a) $\frac{111}{1\,250} =$

b) $\frac{63}{225} =$

c) $\frac{101}{1111} =$

2. Verwandle in einen gekürzten gemeinen Bruch:

a) $0{,}0875 =$

b) $0{,}\overline{074} =$

c) $0{,}3\overline{6} =$

3. Rechne geschickt:

a) $0,\overline{5} \cdot 0,6 + 0,\overline{7} \cdot 1\frac{6}{21} - 0,125 : 0,75 =$

b) $\left(7\frac{4}{5} : 7,15\right) \cdot \frac{11}{12} =$

4. Rechne in die in Klammern angegebene Einheit um:

a) $\frac{1}{6}\frac{\text{m}}{\text{min}}\left(\frac{\text{km}}{\text{h}}\right)$

b) $25,2\,\frac{\text{m}}{\text{h}}\left(\frac{\text{cm}}{\text{s}}\right)$

5. Oliver macht eine Ferienreise nach Frankreich. In Deutschland kauft er sich für 1 247 DM Französische Francs (FF) zum Kurs von 100 FF = 29 DM.
In Frankreich beschließt er, noch einen Abstecher nach Italien zu unternehmen. Da er in Frankreich nur 1 850 FF ausgegeben hat, kauft er sich für den Rest des französischen Geldes italienische Lire (L). Für 1 000 Lire muß er 3,50 FF zahlen.
Wäre es für Oliver günstiger gewesen, wenn er in Deutschland nur 1 850 FF getauscht hätte und den Rest zu 1 247 DM in italienische Lire zu einem Kurs von 1 000 L = 1,10 DM umgetauscht hätte?

6. a) Ein Einzelfahrschein kostet 1,20 DM, eine Streifenkarte für 12 Fahrten 12,60 DM. Um wieviel % ist eine Fahrt mit der Streifenkarte billiger als ein Einzelfahrschein?

b) Beim Kauf eines Grundstücks müssen 1,4 % Überschreibungskosten gezahlt werden, das sind 826 DM. Wie teuer war das Grundstück?

Aufgabe 24

1. Verwandle in einen Dezimalbruch:

a) $7\frac{13}{20} =$

b) $\frac{47}{250} =$

c) $\frac{9}{37} =$

2. Verwandle in einen gewöhnlichen Bruch:

a) $9{,}0825 =$

b) $0{,}\overline{5} =$

c) $0{,}5\overline{3} =$

3. Gib in % an:

a) $0{,}0135 =$

b) $1\frac{1}{4} =$

c) $\frac{36}{625} =$

4. Berechne: $0{,}8 : \frac{2}{5} + 0{,}\overline{7} \cdot \frac{27}{5} - \frac{4}{25} : 0{,}05 =$

5. Bei einer Radarkontrolle wird bei einem Auto die Geschwindigkeit zu $25\,\frac{\text{m}}{\text{s}}$ ermittelt.

a) Welche Geschwindigkeit hat das Auto in $\frac{\text{km}}{\text{h}}$?

b) Welchen Weg legt das Auto bei dieser Geschwindigkeit in 3,2 min zurück?

c) Der Verkehrssünder wird mit einer Geldbuße von 120 DM belegt. Weil er Amerikaner ist, rechnet er sich den Betrag in Dollar um. Wie viele Dollars sind dies bei einem Wechselkurs von 1 Dollar = 1,60 DM?

6. Ein Obsthändler kauft 180 kg Weintrauben ein, das kg zu 2,40 DM. Durch den Transport, für den er 64,40 DM bezahlen mußte, wurde der 15. Teil der Trauben unbrauchbar. Zu welchem Preis mußte der Händler 1 kg Trauben verkaufen, wenn er insgesamt einen Gewinn von 100 DM erzielt hat?

Aufgaben zur Proportionalität, Schlußrechnung und Geometrie

Aufgabe 25

1. a) Die Tabelle gehört zu einer direkten Proportionalität.

2	6	10	x_1	18
y_1	10,2	y_2	23,8	30,6

Berechne die fehlenden Werte x_1, y_1, y_2.

b) Zeichne zur Tabelle a das Schaubild (den Graphen).

2. Zu einem großen Denkmal führen 2 Treppen hinauf, eine breite Treppe, die 54 Stufen mit einer Höhe von je 14 cm besitzt, und eine schmale Treppe, deren Stufen je 18 cm hoch sind. Wie viele Stufen besitzt die schmalere Treppe?

3. Berechne das Volumen der nebenstehenden Treppe. Gib das Ergebnis in m^3 an.

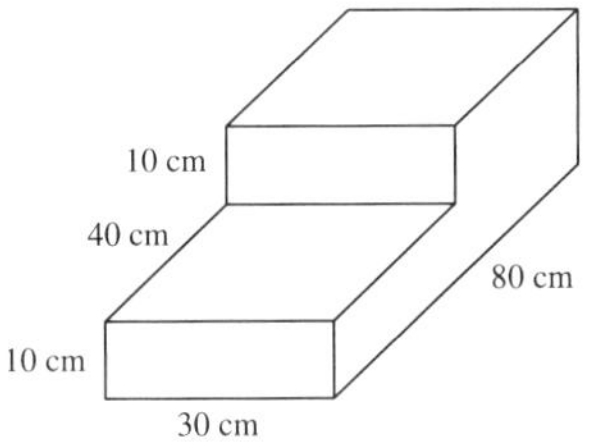

4. Ein Würfel aus Blei hat eine Oberfläche von 3,84 dm^2.
Welche Kantenlänge hat der Würfel?
Wieviel kg wiegt er, wenn 1 cm^3 Blei rund 11 g wiegt?
(Rechne in Teilschritten!)

5. Zeichne die Punkte A(6 | 4), B(2 | 5) und C(2 | 1) in ein Gitternetz.
(RW: 9 cm; HW: 9 cm)

a) Zeichne folgende Winkel ein (Drehsinn berücksichtigen!):
$\alpha = \sphericalangle$ ACB und $\beta = \sphericalangle$ ABC. Miß ihre Größe mit dem Geodreieck.

b) Zeichne einen Winkel $\delta = 65°$ so ein, daß der 1. Schenkel von δ die Halbgerade [BA ist.

c) Schraffiere alle Punkte blau, die nicht im Winkelfeld von δ liegen und von A weniger als 3 cm entfernt sind.

d) Gib den Winkel $\varepsilon = 36{,}04°$ in Grad, Winkelminuten und Winkelsekunden an.

6. Gib in Worten an, welches Gebiet in der Skizze gerastert worden ist.

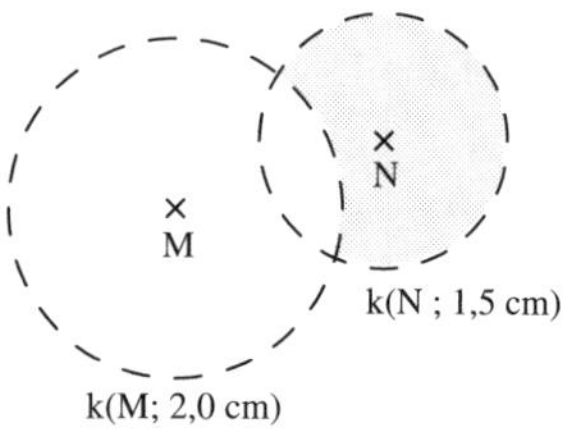

Aufgabe 26

1. Gib drei Kennzeichen für die direkte Proportionalität an.

2. Um auf einen 52 m hohen Turm zu steigen, muß man 325 gleichartige Stufen hochgehen.

a) Begründe in Worten, warum die Zuordnung
Anzahl der Stufen $x \mapsto$ überwundener Höhenunterschied in m eine direkte Proportionalität ist.

b) Berechne den Proportionalitätsfaktor m.

c) Stelle die Zuordnung graphisch dar
(RW: 50 Stufen ≙ 1 cm; HW: 10 m ≙ 1 cm).

d) Nach 200 Stufen befindet sich im Turm eine Plattform. Wie hoch liegt die Plattform über dem Erdboden? (Rechne und lies im Schaubild zu c ab!)

3. a) Wandle jeweils in die in Klammern angegebene Einheit um:
(1) $4{,}07\ \text{dm}^3$ [cm^3]
(2) $32{,}65\ \ell$ [m^3]

b) Berechne und gib das Ergebnis in m^3 an:

$$\left(6\frac{3}{5}\,\text{m} - 4\ \text{dm}\right) \cdot 2\,600\ \text{cm}^2 + 8\ \text{dm}^3 =$$

4. Berechne das Volumen und die Oberfläche des nebenstehenden Körpers. (Maße in cm)

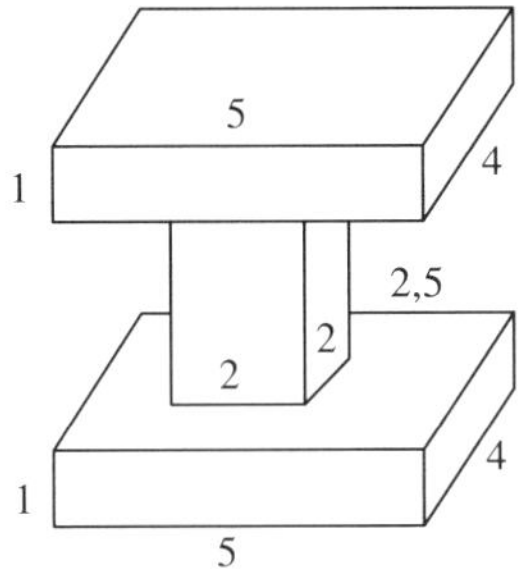

5. a) Welchen spitzen Winkel bilden die Zeiger der Uhr um 8.30 Uhr?

b) Welchen Winkel überstreicht der kleine Zeiger in $8\frac{1}{2}$ h?

6. a) Zeichne in ein Gitternetz die Punkte A(3,5 | 1), B(6,5 | 2), C(5 | 4), D(0,5 | 3).

b) Schraffiere die Schnittmenge der Winkelfelder von ∢ ACD, ∢ ADC und ∢ CBD.

c) Miß die Größer aller drei Winkel. Gib an, welche Winkel spitz, stumpf oder überstumpf sind.

Aufgabe 27

1. a) Eine Radfahrerin fährt stets mit konstanter Geschwindigkeit. Berechne die fehlenden Werte in der Tabelle, den Proportionalitätsfaktor m und gib die Zuordnungsvorschrift an.

x = Zeit in h	0,5	1,5	x_1	x_2
y = zurückgelegter Weg in km	12,1	y_1	60,5	121

b) Wie lange braucht ein Mopedfahrer für eine Strecke von 121 km, der doppelt so schnell wie die Radfahrerin fährt?

2. Sechs Maler brauchen zum Streichen einer großen Halle 14 Tage, wenn sie täglich 6 Stunden arbeiten.

a) Da bei Beginn der Arbeit zwei Maler krank werden, arbeiten die restlichen täglich eine Stunde länger. Wie lange dauert es jetzt, bis die Halle fertig ist?

b) Herr Neumalklug möchte die Halle in einer Stunde gestrichen haben. Wie viele Maler braucht man? Was sagst du zum Ergebnis?

3. Berechne:
$2{,}3\,h\ell : 20 - 26\,m\ell \cdot 80 + (0{,}7\text{ m} - 4\text{ dm}) \cdot 20\text{ cm}^2 =$

4. Der Löschwasserteich eines Dorfes ist 20 m lang, 8,5 m breit und 80 cm tief mit Wasser gefüllt.

a) Wie viele m^3 Wasser enthält der Teich?

b) Bei einem Brand entnimmt die freiwillige Feuerwehr pro Sekunde 5 ℓ Wasser aus dem Teich. Wie tief ist das Wasser nach 20 Minuten noch?

5. a) Zeichne die Punkte A(1 | 3), B(6 | 5) und C(4 | 3) in ein Gitternetz.

b) Zeichne den Winkel ACB ein und miß seine Größe.

c) Zeichne mit dem Geodreieck einen Winkel $\alpha = 140°$ so ein, daß [CA der 1. Schenkel von α ist.

6. Der kleine und der große Zeiger einer Uhr schließen einen Winkel von 135° ein. Wieviel Uhr ist es, wenn der große Zeiger auf der Ziffer 6 steht?

Aufgabe 28

1. Berechne:
$84{,}81\ \text{dm}^3 + 0{,}356\ \text{m}^3 - 4{,}021\ \ell l + 3\,188\ \text{cm}^3 =$

2. a) Berechne 11 % von 550 DM.

b) Wandle in Prozent um: $1\frac{11}{20} =$

c) Wieviel sind 10 % von 10 %?

3. Gib die Paarmenge an und zeichne die Punkte in ein Gitternetz, die die Zuordnung $x \mapsto 9 - x$ mit $x \in \{2; 4; 6; 8\}$ erfüllen.

4. Zu $7\frac{1}{2}$ kg Brot braucht man 6 kg Mehl?

a) Wie hoch ist der prozentuale Anteil von Mehl im Brot?

b) Wieviel Mehl benötigt man für 40 kg Brot?

c) Wieviel Brot erhält man aus 28 kg Mehl?

5. Ein Heizölvorrat reicht bei einer durchschnittlichen täglichen Brenndauer von 17 Stunden für 90 Tage.

a) Wie lange reicht der Vorrat bei einer Brenndauer von 15 Stunden pro Tag?

b) Bei welcher täglichen Brenndauer reicht der Vorrat nur 85 Tage?

6. Eine Siedlung von 6 Häusern kann von einer Firma mit 33 Arbeitern in 18 Tagen im Rohbau erstellt werden. Nach acht Tagen werden drei Arbeiter krank. Wie lange dauert jetzt die Arbeit insgesamt?

Aufgabe 29

1. a) Bestimme die Differenz zwischen $0,\overline{72}$ und 0,72.

b) Wieviel % sind $8\frac{1}{2}$ kg von 178,5 kg (2 D)?

c) Wieviel % sind $7\frac{1}{2}$ % von 60 %?

2. Ein Kapital von 32 000 DM brachte bei einem Zinssatz von 4,5 % Zinsen in Höhe von 800 DM. Wie viele Tage war das Kapital angelegt?

3. a) Wann heißt eine Zuordnung direkte Proportionalität?

b) Gegeben ist die Zuordnung $x \mapsto 2{,}5 \cdot x$.
Bestimme die fehlenden Werte a, b, c in (1 | a), (b | 5), (c | 9).

c) Zeichne die Zuordnung aus b für alle $x \in \{x \in \mathbb{Q}_0^+ \mid 0 \leq x \leq 4\}$ und bestimme zeichnerisch den Wert d im Zuordnungspaar (d | 6).

4. Eine Eichenholzplatte ist 2,4 m lang, 12 dm breit und 8 cm dick. Wieviel wiegt diese Platte (in kg auf 2 D), wenn 1 cm^3 Eichenholz 0,8 g wiegt.

5. Ein Schwimmbecken faßt 45 m^3. Es besitzt nur eine Zuleitung, die das Becken bei voller Öffnung in 27 h füllen kann.

a) Wie viele m^3 sind bei voller Öffnung nach 12 h im anfänglich leeren Becken?

b) Wie lange dauert es bei voller Öffnung, bis 180 hl zugeflossen sind?

c) In das Becken werden zuerst 300 hl bei voller Öffnung eingefüllt. Der Rest wird bei halber Öffnung des Zuflusses eingelassen. Wie lange dauert der gesamte Füllvorgang?

6. a) Berechne:
176° – 44° 13' – 86° 48'=

b) Wandle in Grad, Minuten und Sekunden um:
4 188" =

Aufgabe 30

1. Berechne:
5,8 hl – 8,8 dm³ + 0,11 m³ – 1 118 cm³ =

2. Ein Rechteck ist 24 cm lang und 12 cm breit. Die Länge wird um 10 % vermindert. Um wieviel % muß die Breite vergrößert werden, wenn

a) der Umfang,

b) der Flächeninhalt gleich bleiben soll?

3. Ein Steinquader ist 2,2 m lang, 12 dm breit und 12 cm hoch. Welches Gewicht (in t auf 3 D) hat er, wenn 1 cm^3 Stein 2,8 g wiegt?

4. a) Ein Sägewerk soll einen Baumstamm in 18 Bretter von je 2,5 cm Dicke zersägen. Der Auftrag wird auf 15 Bretter geändert. Wie dick wird jetzt jedes Brett?

b) Eine Wasserleitung liefert in 7,5 Minuten 120 Liter Wasser. Wie viele Minuten muß sie geöffnet sein, um ein Becken mit einem Inhalt von 42 hl halb zu füllen?

5. a) Die Zahlenpaare sind differenzengleich. Bestimme die fehlenden Werte in (6 | 8), (a_1 | 7), (6 | a_2); (13,5 | a_3).

b) Die Zahlenpaare gehören zu einer indirekten Proportionalität. Bestimme die fehlenden Werte in (6 | 2), (b_1 | 4), (2,3 | b_2), (36 | b_3).

6. a) Berechne:
100° 1' – 99° 2' =

b) Zeichne das Dreieck ABC aus A(1 | 1), B(8 | 1,5), C(4 | 8) in ein Gitternetz und miß mit dem Geodreieck die Winkel ∢ BAC, ∢ CBA, ∢ ACB.

Lösungen

Hier im Lösungsteil findest du *echte* Antworten auf deine Fragen und nicht solche vermeintlichen, wie sie der Vater oben in der Karikatur gibt.

1. a) $\frac{4}{50}$ DM = 400 Pf : 50 = 8 Pf

b) $\frac{13}{25}$ a = 1 300 m^2 : 25 = 52 m^2

c) $\frac{113}{125}$ kg = 113 000 g : 125 = 904 g

d) $\frac{50}{50}$ km = 50 000 m : 50 = 1 000 m

e) $\frac{7}{20}$ t = 7 000 kg : 20 = 350 kg

f) $\frac{6}{25}$ $h\ell$ = 600 ℓ : 25 = 24 ℓ

2. a) $\frac{4}{5}$ von 35 m = (35 m : 5) · 4 = 7 m · 4 = 28 m

b) $\frac{18}{17}$ von 119 ℓ = (119 ℓ : 17) · 18 = 7 ℓ · 126 ℓ

c) $\frac{5}{4}$ von 36 DM = (36 DM : 4) · 5 = 9 DM · 5 = 45 DM

d) $\frac{17}{18}$ von 126 kg = (126 kg : 18) · 17 = 7 kg · 17 = 119 kg

3. a) $\frac{10\text{ m}}{1\,000\text{ m}} = \frac{1}{100}$

b) $\frac{5\text{ min}}{60\text{ min}} = \frac{1}{12}$

c) $\frac{125\text{ kg}}{1\,000\text{ kg}} = \frac{1}{8}$

d) $\frac{80\text{ Pf}}{100\text{ Pf}} = \frac{8}{10} = \frac{4}{5}$

4. a) $\frac{6}{7}$ von $x = 66$ m

$\frac{1}{7}$ von $x = 66$ m : 6

$\frac{1}{7}$ von $x = 11$ m

$x = 11$ m $\cdot 7$

$x = 77$ m

b) $\frac{11}{10}$ von $x = 220$ DM

$\frac{1}{10}$ von $x = 220$ DM : 11

$\frac{1}{10}$ von $x = 20$ DM

$x = 20$ DM $\cdot 10$

$x = 200$ DM

c) $\frac{5}{9}$ von $x = 60$ kg

$\frac{1}{9}$ von $x = 60$ kg : 5

$\frac{1}{9}$ von $x = 12$ kg

$x = 12$ kg $\cdot 9$

$x = 108$ kg

d) $\frac{3}{11}$ von $x = 57\,\ell$

$\frac{1}{11}$ von $x = 57\,\ell : 3$

$\frac{1}{11}$ von $x = 19\,\ell$

$x = 19\,\ell \cdot 11$

$x = 209\,\ell$

5. $\frac{7}{6}$ von $x = 35$ cm

$\frac{1}{6}$ von $x = 35$ cm : 7

$\frac{1}{6}$ von $x = 5$ cm

$x = 5$ cm $\cdot 6$

$x = 30$ cm

Die ursprüngliche Strecke war 30 cm lang.

6. a) $\frac{5}{8}$ b) $\frac{1}{4}$

c) $\frac{1}{4}$ d) $\frac{1}{9}$

7. a)
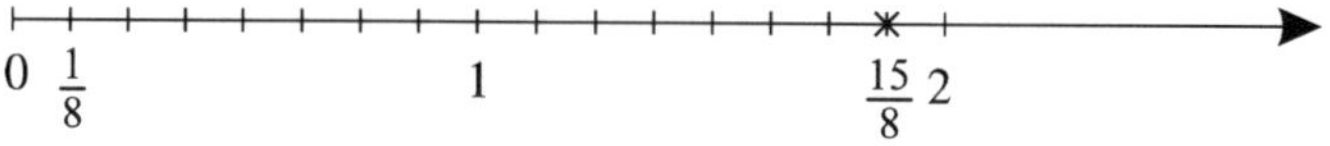

b)
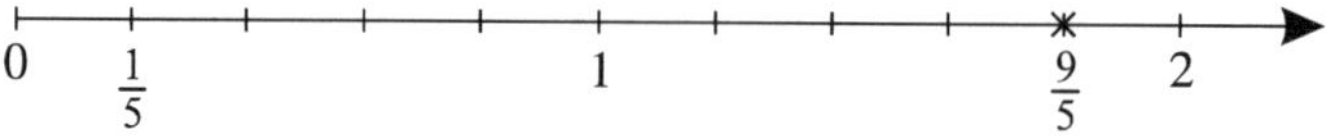

c)
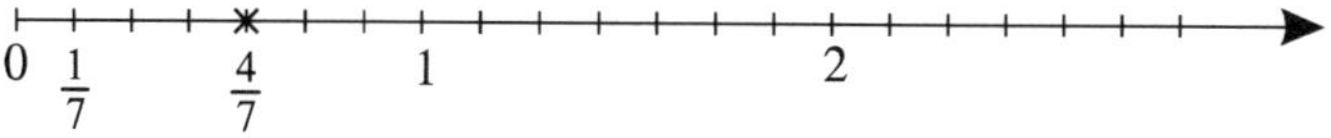

d)
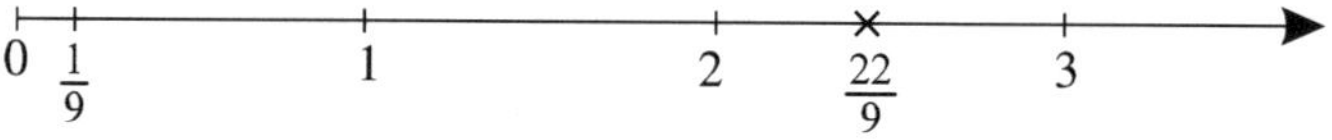

8. a) $\frac{192}{12} = 192:12 = 16$

b) $\frac{442}{17} = 442:17 = 26$

c) $\frac{441}{21} = 441:21 = 21$

d) $\frac{861}{7} = 861:7 = 123$

9. a) $\frac{44}{13} = 3\frac{5}{13}$

b) $\frac{28}{5} = 5\frac{3}{5}$

c) $\frac{611}{12} = 50\frac{11}{12}$

d) $99:25 = \frac{99}{25} = 3\frac{24}{25}$

10. a) $2\frac{1}{5} = \frac{10}{5} + \frac{1}{5} = \frac{11}{5}$

b) $16\frac{1}{3} = \frac{48}{3} + \frac{1}{3} = \frac{49}{3}$

c) $25\frac{3}{16} = \frac{400}{16} + \frac{3}{16} = \frac{403}{16}$

d) $11\frac{10}{11} = \frac{121}{11} + \frac{10}{11} = \frac{131}{11}$

11. a) $13 \cdot x = 112$
$x = 112 : 13$
$x = \frac{112}{13} = 8\frac{8}{13}$

b) $55 \cdot x = 61$
$x = 61 : 55$
$x = \frac{61}{55} = 1\frac{6}{55}$

c) $x \cdot 13 = 94$
$x = 94 : 13$
$x = \frac{94}{13} = 7\frac{3}{13}$

d) $x \cdot 7 = 50$
$x = 50 : 7$
$x = \frac{50}{7} = 7\frac{1}{7}$

12. a) $\frac{5}{9} \underset{16}{=} \frac{5 \cdot 16}{9 \cdot 16} = \frac{80}{144}$

b) $\frac{8}{3} \underset{111}{=} \frac{8 \cdot 111}{3 \cdot 111} = \frac{888}{333}$

c) $\frac{17}{21} \underset{14}{=} \frac{17 \cdot 14}{21 \cdot 14} = \frac{238}{294}$

d) $4\frac{1}{3} = \frac{13}{3} \underset{12}{=} \frac{13 \cdot 12}{3 \cdot 12} = \frac{156}{36}$

13. a) $\frac{12}{24} \underset{4}{=} \frac{3}{6}$

b) $\frac{32}{104} \underset{8}{=} \frac{4}{13}$

c) $\frac{91}{117} \underset{13}{=} \frac{7}{9}$

d) $\frac{221}{289} \underset{17}{=} \frac{13}{17}$

14. a) $\frac{96}{180} \underset{12}{=} \frac{8}{15}$

b) $\frac{90 \cdot 16}{15 \cdot 48} = \frac{6 \cdot 1}{1 \cdot 3} = \frac{2}{1} = 2$

c) $\frac{78 \cdot 9 \cdot 143}{39 \cdot 33 \cdot 156} = \frac{2 \cdot 3 \cdot 11}{1 \cdot 11 \cdot 12} = \frac{1 \cdot 1 \cdot 1}{1 \cdot 1 \cdot 2} = \frac{1}{2}$

d) $\frac{57 \cdot 20 \cdot 32 \cdot 225}{36 \cdot 38 \cdot 75 \cdot 50} = \frac{3 \cdot 2 \cdot 8 \cdot 3}{9 \cdot 2 \cdot 1 \cdot 5} = \frac{1 \cdot 1 \cdot 8 \cdot 1}{1 \cdot 1 \cdot 1 \cdot 5} = \frac{8}{5} = 1\frac{3}{5}$

15. a) $\frac{26}{53} \approx \frac{26}{52} = \frac{1}{2}$

b) $\frac{43}{85} \approx \frac{43}{86} = \frac{1}{2}$

c) $\frac{107}{288} \approx \frac{108}{288} \underset{36}{=} \frac{3}{8}$

d) $\frac{41}{209} \approx \frac{42}{210} = \frac{1}{5}$

e) $\frac{51}{349} \approx \frac{50}{350} = \frac{1}{7}$

f) $\frac{121}{181} \approx \frac{120}{180} = \frac{2}{3}$

g) $\frac{209}{279} \approx \frac{210}{280} = \frac{3}{4}$

h) $\frac{899}{1\,001} \approx \frac{900}{1\,000} = \frac{9}{10}$

16. a) $\frac{11}{30} = \frac{88}{240}$

$\frac{7}{16} = \frac{105}{240}$ $\Rightarrow \frac{11}{30} < \frac{7}{16}$

b) $\frac{9}{13} = \frac{81}{117}$

$\frac{5}{9} = \frac{65}{117}$ $\Rightarrow \frac{9}{13} > \frac{5}{9}$

c) $\frac{7}{15} = \frac{49}{105}$

$\frac{11}{21} = \frac{55}{105}$ $\Rightarrow \frac{7}{15} < \frac{11}{21}$

d) $\frac{7}{12} = \frac{21}{36}$

$\frac{11}{18} = \frac{22}{36}$ $\Rightarrow \frac{7}{12} < \frac{11}{18}$

17. a) $\frac{2}{3} = \frac{70}{105}$

$\frac{3}{5} = \frac{63}{105}$ $\Rightarrow \frac{2}{3} > \frac{3}{5} > \frac{4}{7}$

$\frac{4}{7} = \frac{60}{105}$

b) $\frac{6}{11} = \frac{60}{110}$

$\frac{1}{2} = \frac{55}{110}$

$\frac{3}{5} = \frac{66}{110}$ $\quad \Rightarrow \frac{7}{10} > \frac{3}{5} > \frac{6}{11} > \frac{1}{2}$

$\frac{7}{10} = \frac{77}{110}$

c) $\frac{2}{7} = \frac{12}{42}$

$\frac{3}{6} = \frac{21}{42}$

$\frac{8}{21} = \frac{16}{42}$ $\quad \Rightarrow \frac{3}{6} > \frac{8}{21} > \frac{1}{3} > \frac{2}{7} > \frac{3}{14}$

$\frac{1}{3} = \frac{14}{42}$

$\frac{3}{14} = \frac{9}{42}$

d) $\frac{11}{18} = \frac{110}{180}$

$\frac{13}{20} = \frac{117}{180}$

$\frac{8}{15} = \frac{96}{180}$ $\quad \Rightarrow \frac{13}{20} > \frac{11}{18} > \frac{8}{15} > \frac{19}{36} > \frac{5}{12}$

$\frac{5}{12} = \frac{75}{180}$

$\frac{19}{36} = \frac{95}{180}$

18. a) $\frac{1}{3} < x < \frac{2}{3}$

$\frac{3}{9} < x < \frac{6}{9}$

z. B. $x = \frac{4}{9}$; $x = \frac{5}{9}$

b) $\frac{4}{9} < x < \frac{5}{9}$

$\frac{16}{36} < x < \frac{20}{36}$

z. B. $x = \frac{17}{36}$; $x = \frac{19}{36}$

c) $\frac{3}{8} > x > \frac{3}{10}$

$\frac{15}{40} > x > \frac{12}{40}$

z. B. $x = \frac{13}{40}$; $x = \frac{14}{40}$

d) $\frac{1}{5} < \frac{1}{x} < \frac{1}{2}$

$\frac{5}{1} > x > \frac{2}{1}$

$5 > x > 2$

z. B. $x = 3$; $x = 4$

19. a) $\frac{2}{5}$ und $\frac{4}{5}$: Mittlere Zahl: $\frac{3}{5}$

b) $\frac{3}{5} = \frac{6}{10}$ und $\frac{4}{5} = \frac{8}{10}$: Mittlere Zahl: $\frac{7}{10}$

c) $\frac{5}{12} = \frac{5}{12}$ und $\frac{3}{4} = \frac{9}{12}$: Mittlere Zahl: $\frac{7}{12}$

d) $\frac{1}{2} = \frac{14}{28}$ und $\frac{5}{7} = \frac{20}{28}$: Mittlere Zahl: $\frac{17}{28}$

20. a) $\frac{3}{8}$ von $32 = (32 : 8) \cdot 3 = 4 \cdot 3 = 12$

In der Klasse sind 12 Jungen.

b) $\frac{2}{3}$ von $12 = (12 : 3) \cdot 2 = 4 \cdot 2 = 8$

In der Klasse sind 8 auswärtige Jungen.

c) $\frac{8}{32} = \frac{1}{4}$

$\frac{1}{4}$ der Klasse sind auswärtige Jungen.

21. a) $3\frac{5}{12}+5\frac{7}{12}=8\frac{12}{12}=9$

b) $8\frac{1}{2}+9\frac{3}{4}=8\frac{2}{4}+9\frac{3}{4}=17\frac{5}{4}=18\frac{1}{4}$

c) $1\frac{11}{12}+\frac{3}{4}+\frac{1}{2}=1\frac{11}{12}+\frac{9}{12}+\frac{6}{12}=1\frac{26}{12}=3\frac{2}{12}=3\frac{1}{6}$

d) $8\frac{1}{5}+2\frac{9}{20}+\frac{3}{10}=8\frac{4}{20}+2\frac{9}{20}+\frac{6}{20}=10\frac{19}{20}$

22. a) $\frac{2}{3}+\frac{4}{5}+\frac{4}{3}=\left(\frac{2}{3}+\frac{4}{3}\right)+\frac{4}{5}=2+\frac{4}{5}=2\frac{4}{5}$

b) $5\frac{3}{4}+12\frac{1}{3}+6\frac{1}{4}=\left(5\frac{3}{4}+6\frac{1}{4}\right)+12\frac{1}{3}=12+12\frac{1}{3}=24\frac{1}{3}$

c) $3\frac{1}{7}+2\frac{5}{9}+5\frac{6}{7}+8\frac{5}{9}=\left(3\frac{1}{7}+5\frac{6}{7}\right)+\left(2\frac{5}{9}+8\frac{5}{9}\right)=9+10\frac{10}{9}=9+11\frac{1}{9}=20\frac{1}{9}$

d) $2\frac{1}{3}+1\frac{1}{4}+1\frac{5}{6}+\frac{3}{4}=\left(2\frac{2}{6}+1\frac{5}{6}\right)+\left(1\frac{1}{4}+\frac{3}{4}\right)=3\frac{7}{6}+2=4\frac{1}{6}+2=6\frac{1}{6}$

23. a) $6\frac{1}{5}-2\frac{4}{5}=5\frac{6}{5}-2\frac{4}{5}=3\frac{2}{5}$

b) $8\frac{1}{2}-5\frac{2}{3}=8\frac{3}{6}-5\frac{4}{6}=7\frac{9}{6}-5\frac{4}{6}=2\frac{5}{6}$

c) $20\frac{1}{4}-19\frac{5}{6}=20\frac{3}{12}-19\frac{10}{12}=19\frac{15}{12}-19\frac{10}{12}=\frac{5}{12}$

d) $17\frac{11}{12}-12\frac{7}{8}=17\frac{22}{24}-12\frac{21}{24}=5\frac{1}{24}$

24. a) $12\frac{1}{6}+3\frac{5}{8}-2\frac{7}{12}=12\frac{4}{24}+3\frac{15}{24}-2\frac{14}{24}=15\frac{19}{24}-2\frac{14}{24}=13\frac{5}{24}$

b) $\left(8\frac{1}{3}+2\frac{1}{4}\right)-\left(1\frac{3}{4}+4\frac{5}{6}\right)=\left(8\frac{4}{12}+2\frac{3}{12}\right)-\left(1\frac{9}{12}+4\frac{10}{12}\right)=10\frac{7}{12}-5\frac{19}{12}=$

$=9\frac{19}{12}-5\frac{19}{12}=4$

c) $3\frac{1}{3}-\frac{3}{4}+2\frac{5}{6}-4\frac{1}{4}=\left(3\frac{4}{12}+2\frac{10}{12}\right)-\left(\frac{9}{12}+4\frac{3}{12}\right)=5\frac{14}{12}-5=$

$=\frac{14}{12}=1\frac{2}{12}=1\frac{1}{6}$

d) $18\frac{1}{2}-14\frac{2}{3}+16\frac{1}{4}-11\frac{3}{7}=\left(18\frac{2}{4}+16\frac{1}{4}\right)-\left(14\frac{14}{21}+11\frac{9}{21}\right)=34\frac{3}{4}-25\frac{23}{21}=$

$=34\frac{3}{4}-26\frac{2}{21}=34\frac{63}{84}-26\frac{8}{84}=8\frac{55}{84}$

25. a) $2\frac{2}{3}\cdot\frac{9}{16}=\frac{8}{3}\cdot\frac{9}{16}=\frac{8\cdot 9}{3\cdot 16}=\frac{1\cdot 3}{1\cdot 2}=\frac{3}{2}=1\frac{1}{2}$

b) $3\frac{2}{5}\cdot 2\frac{2}{34}=\frac{17}{5}\cdot\frac{70}{34}=\frac{17\cdot 70}{5\cdot 34}=\frac{1\cdot 14}{1\cdot 2}=7$

c) $9\frac{7}{25}\cdot 2\frac{3}{29}=\frac{232}{25}\cdot\frac{61}{29}=\frac{232\cdot 61}{25\cdot 29}=\frac{8\cdot 61}{25\cdot 1}=\frac{488}{25}=19\frac{13}{25}$

d) $9\frac{9}{11}\cdot 11\frac{11}{12}\cdot\frac{3}{26}=\frac{108\cdot 143\cdot 3}{11\cdot 12\cdot 26}=\frac{9\cdot 13\cdot 3}{1\cdot 1\cdot 26}=\frac{9\cdot 1\cdot 3}{2}=\frac{27}{2}=13\frac{1}{2}$

26. a) $\frac{99}{111}:33=\frac{99}{111\cdot 33}=\frac{3}{111\cdot 1}=\frac{1}{37}$

b) $2\frac{9}{20}:1\frac{3}{4}=\frac{49}{20}:\frac{7}{4}=\frac{49\cdot 4}{20\cdot 7}=\frac{7\cdot 1}{5\cdot 1}=\frac{7}{5}=1\frac{2}{5}$

c) $\left(1\frac{1}{2}:\frac{3}{5}\right)\cdot 1\frac{2}{5}=\left(\frac{3}{2}\cdot\frac{5}{3}\right)\cdot\frac{7}{5}=\frac{3\cdot 5\cdot 7}{2\cdot 3\cdot 5}=\frac{7}{2}=3\frac{1}{2}$

d) $\left(17\frac{1}{7}\cdot 1\frac{9}{26}\right):2\frac{3}{16}=\left(\frac{120}{7}\cdot\frac{35}{26}\right):\frac{35}{16}=\frac{120\cdot 35\cdot 16}{7\cdot 26\cdot 35}=\frac{120\cdot 1\cdot 8}{7\cdot 13\cdot 1}=$

$=\frac{960}{91}=10\frac{50}{91}$

27. a) $\left(2\frac{1}{4}+3\frac{1}{2}\right):\frac{1}{2}=\left(2\frac{1}{4}+3\frac{2}{4}\right)\cdot 2=5\frac{3}{4}\cdot 2=\frac{23\cdot 2}{4}=\frac{23}{2}=11\frac{1}{2}$

oder

$$\left(2\frac{1}{4}+3\frac{1}{2}\right):\frac{1}{2}=2\frac{1}{4}:\frac{1}{2}+3\frac{1}{2}:\frac{1}{2}=\frac{9}{4}:\frac{1}{2}+\frac{7}{2}:\frac{1}{2}=\frac{9\cdot 2}{4\cdot 1}+\frac{7\cdot 2}{2\cdot 1}=$$

$$=\frac{9}{2}+7=4\frac{1}{2}+7=11\frac{1}{2}$$

b) $\left(\frac{5}{4}+\frac{1}{6}\right):\frac{17}{12}=\left(\frac{15}{12}+\frac{2}{12}\right):\frac{17}{12}=\frac{17}{12}:\frac{17}{12}=1$

oder

$$\left(\frac{5}{4}+\frac{1}{6}\right):\frac{17}{12}=\frac{5}{4}:\frac{17}{12}+\frac{1}{6}:\frac{17}{12}=\frac{5\cdot 12}{4\cdot 17}+\frac{1\cdot 12}{6\cdot 17}=\frac{5\cdot 3}{1\cdot 17}+\frac{1\cdot 2}{1\cdot 17}=$$

$$=\frac{15}{17}+\frac{2}{17}=\frac{17}{17}=1$$

c) $\left(4\frac{1}{3}+5\frac{5}{6}\right):5\frac{1}{12}=\left(4\frac{2}{6}+5\frac{5}{6}\right):5\frac{1}{12}=9\frac{7}{6}:5\frac{1}{12}=\frac{61}{6}:\frac{61}{12}=$

$$=\frac{61\cdot 12}{6\cdot 61}=2$$

oder

$$\left(4\frac{1}{3}+5\frac{5}{6}\right):5\frac{1}{12}=4\frac{1}{3}:5\frac{1}{12}+5\frac{5}{6}:5\frac{1}{12}=\frac{13}{3}:\frac{61}{12}+\frac{35}{6}:\frac{61}{12}=$$

$$=\frac{13\cdot 12}{3\cdot 61}+\frac{35\cdot 12}{6\cdot 61}=\frac{13\cdot 4}{1\cdot 61}+\frac{35\cdot 2}{61}=\frac{52}{61}+\frac{70}{61}=\frac{122}{61}=2$$

d) $\left(5\frac{1}{8}+5\frac{2}{3}\right)\cdot 2\frac{1}{4}=\left(5\frac{3}{24}+5\frac{16}{24}\right)\cdot 2\frac{1}{4}=10\frac{19}{24}\cdot 2\frac{1}{4}=\frac{259}{24}\cdot\frac{9}{4}=$

$$=\frac{259\cdot 9}{24\cdot 4}=\frac{2331}{96}=24\frac{27}{96}=24\frac{9}{32}$$

oder

$$\left(5\frac{1}{8}+5\frac{2}{3}\right)\cdot 2\frac{1}{4}=5\frac{1}{8}\cdot 2\frac{1}{4}+5\frac{2}{3}\cdot 2\frac{1}{4}=\frac{41}{8}\cdot\frac{9}{4}+\frac{17}{3}\cdot\frac{9}{4}=$$

$$=\frac{41\cdot 9}{8\cdot 4}+\frac{17\cdot 3}{1\cdot 4}=\frac{369}{32}+\frac{51}{4}=\frac{369}{32}+\frac{408}{32}=$$

$$=\frac{777}{32}=24\frac{9}{32}$$

28. a) $10\frac{8}{9}:\frac{35}{17}-1\frac{9}{16}\cdot 1\frac{11}{45}+5\frac{6}{9}:10=$

$=\frac{98}{9}\cdot\frac{17}{35}-\frac{25}{16}\cdot\frac{56}{45}+\frac{51}{9}\cdot\frac{1}{10}=$

$=\frac{98\cdot 17}{9\cdot 35}-\frac{25\cdot 56}{16\cdot 45}+\frac{51\cdot 1}{9\cdot 10}=\frac{14\cdot 17}{9\cdot 5}-\frac{5\cdot 7}{2\cdot 9}+\frac{17}{3\cdot 10}=$

$=\frac{238}{45}-\frac{35}{18}+\frac{17}{30}=\frac{476}{90}-\frac{175}{90}+\frac{51}{90}=\frac{352}{90}=3\frac{82}{90}=3\frac{41}{45}$

b) $\frac{77}{18}:\frac{35}{27}-\left(\frac{8}{15}+\frac{3}{10}\right)+\frac{23}{45}:\frac{1}{3}=\frac{77}{18}\cdot\frac{27}{35}-\left(\frac{16}{30}+\frac{9}{30}\right)+\frac{23}{45}\cdot 3=$

$=\frac{77\cdot 27}{18\cdot 35}-\frac{25}{30}+\frac{23}{15}=\frac{11\cdot 3}{2\cdot 5}-\frac{5}{6}+\frac{23}{15}=\frac{33}{10}-\frac{5}{6}+\frac{23}{15}=$

$=\frac{99}{30}-\frac{25}{30}+\frac{46}{30}=\frac{120}{30}=4$

c) $\left[\left(4\frac{1}{2}-2\cdot 1\frac{1}{3}+1\frac{1}{3}\right)\cdot 10-6\frac{1}{3}\right]:\frac{20}{7}-8\frac{2}{3}=$

$=\left[\left(\frac{9}{2}-2\cdot\frac{4}{3}+\frac{4}{3}\right)\cdot 10-6\frac{1}{3}\right]\cdot\frac{7}{20}-8\frac{2}{3}=$

$=\left[\left(\frac{9}{2}-\frac{8}{3}+\frac{4}{3}\right)\cdot 10-6\frac{1}{3}\right]\cdot\frac{7}{20}-13\frac{2}{3}=\left[\left(\frac{27}{6}-\frac{8}{6}\right)\cdot 10-6\frac{1}{3}\right]\cdot\frac{7}{20}-8\frac{2}{3}=$

$=\left[\frac{19}{6}\cdot 10-6\frac{1}{3}\right]\cdot\frac{7}{20}-13\frac{2}{3}=\left[\frac{95}{3}-\frac{19}{3}\right]\cdot\frac{7}{20}-13\frac{2}{3}=\frac{76\cdot 7}{3\cdot 20}-8\frac{2}{3}=$

$=\frac{19\cdot 7}{3\cdot 5}-8\frac{2}{3}=\frac{133}{15}-\frac{26}{3}=\frac{133}{15}-\frac{130}{15}=\frac{3}{15}=\frac{1}{5}$

d) $\left(3\frac{3}{8}:4\frac{1}{2}-\frac{1}{2}\right)\cdot 5\frac{1}{3}+2\frac{2}{3}-7\frac{5}{8}:3\frac{1}{20}=$

$=\left(\frac{27}{8}:\frac{9}{2}-\frac{1}{2}\right)\cdot\frac{16}{3}+2\frac{2}{3}-\frac{61}{8}:\frac{61}{20}=$

$=\left(\frac{27\cdot 2}{8\cdot 9}-\frac{1}{2}\right)\cdot\frac{16}{3}+2\frac{2}{3}-\frac{61\cdot 20}{8\cdot 61}=$

$$=\left(\frac{3}{4}-\frac{1}{2}\right)\cdot\frac{16}{3}+2\frac{2}{3}-\frac{5}{2}=\frac{1\cdot 16}{4\cdot 3}+2\frac{2}{3}-\frac{5}{2}=\frac{4}{3}+2\frac{2}{3}-\frac{5}{2}=$$

$$=4-\frac{5}{2}=\frac{3}{2}=1\frac{1}{2}$$

e) $5\frac{5}{18}-1\frac{3}{4}\cdot\frac{4}{15}-2\frac{2}{3}+3\frac{5}{9}:8-5\frac{3}{4}:22\frac{1}{2}-2=$

$$=5\frac{5}{18}-\frac{7\cdot 4}{4\cdot 15}-2\frac{2}{3}+\frac{32}{9\cdot 8}-\frac{23\cdot 2}{4\cdot 45}-2=$$

$$=5\frac{5}{18}-\frac{7}{15}-2\frac{2}{3}+\frac{4}{9}-\frac{23}{90}-2=$$

$$=\left(5\frac{5}{18}+\frac{4}{9}\right)-\left(\frac{42}{90}+2\frac{60}{90}+\frac{23}{90}+2\right)=5\frac{13}{18}-4\frac{125}{90}=5\frac{13}{18}-5\frac{7}{18}=$$

$$=\frac{6}{18}=\frac{1}{3}$$

f) $\left[\left(5\frac{1}{9}\cdot 1\frac{7}{23}-4\frac{7}{8}\right)\cdot\frac{7}{43}+\frac{5}{8}\cdot\left(6-4\frac{1}{3}\right)\right]\cdot\frac{3}{4}=$

$$=\left[\left(\frac{46\cdot 30}{9\cdot 23}-4\frac{7}{8}\right)\cdot\frac{7}{43}+\frac{5}{8}\cdot\frac{5}{3}\right]\cdot\frac{3}{4}=\left[\left(\frac{2\cdot 10}{3\cdot 1}-4\frac{7}{8}\right)\cdot\frac{7}{43}+\frac{25}{24}\right]\cdot\frac{3}{4}=$$

$$=\left[\left(\frac{160}{24}-\frac{117}{24}\right)\cdot\frac{7}{43}+\frac{25}{24}\right]\cdot\frac{3}{4}=\left[\frac{43\cdot 7}{24\cdot 43}+\frac{25}{24}\right]\cdot\frac{3}{4}=\frac{32\cdot 3}{24\cdot 4}=1$$

g) $\dfrac{\left(2\frac{2}{3}+\frac{3}{8}\right):\frac{1}{2}}{\left(5\frac{2}{3}-2\frac{5}{8}\right)\cdot\frac{1}{2}}=\left[\left(2\frac{2}{3}+\frac{3}{8}\right):\frac{1}{2}\right]:\left[\left(5\frac{2}{3}-2\frac{5}{8}\right)\cdot\frac{1}{2}\right]=$

$$=\left[\left(2\frac{16}{24}+\frac{9}{24}\right)\cdot 2\right]:\left[\left(5\frac{16}{24}-2\frac{15}{24}\right)\cdot\frac{1}{2}\right]=\left[\frac{73\cdot 2}{24}\right]:\left[\frac{73\cdot 1}{24\cdot 2}\right]=$$

$$=\frac{73}{12}:\frac{73}{48}=\frac{73\cdot 48}{12\cdot 73}=4$$

h) $\dfrac{4\frac{1}{10}+6\frac{2}{5}-9\frac{3}{4}}{1\frac{3}{5}+8\frac{1}{10}}=\left(4\frac{2}{20}+6\frac{8}{20}-9\frac{15}{20}\right):\left(1\frac{6}{10}+8\frac{1}{10}\right)=$

$$=\frac{3}{4}:\frac{97}{10}=\frac{3\cdot 10}{4\cdot 97}=\frac{3\cdot 5}{2\cdot 97}=\frac{15}{194}$$

29. a) $\left(1\frac{1}{8}+1\frac{1}{6}\right):\left(2\frac{1}{4}-1\frac{3}{20}\right)=$

$=\left(1\frac{3}{24}+1\frac{4}{24}\right):\left(2\frac{5}{20}-1\frac{3}{20}\right)=2\frac{7}{24}:1\frac{1}{10}=\frac{55}{24}:\frac{11}{10}=$

$=\frac{55\cdot 10}{24\cdot 11}=\frac{5\cdot 5}{12\cdot 1}=\frac{25}{12}=2\frac{1}{12}$

b) $10\frac{8}{9}:3\frac{4}{15}-1\frac{9}{16}\cdot\frac{56}{45}=$

$=\frac{98\cdot 15}{9\cdot 49}-\frac{25\cdot 56}{16\cdot 45}=\frac{2\cdot 5}{3\cdot 1}-\frac{5\cdot 7}{2\cdot 9}=\frac{10}{3}-\frac{35}{18}=$

$=\frac{60}{18}-\frac{35}{18}=\frac{25}{18}=1\frac{7}{18}$

c) $2\frac{1}{2}\cdot\frac{3}{4}+\frac{3}{4}\cdot 18-3:\frac{15}{8}=\frac{5\cdot 3}{2\cdot 4}+\frac{3\cdot 18}{4}-\frac{3\cdot 8}{15}=$

$=\frac{15}{8}+\frac{27}{2}-\frac{8}{5}=\frac{75}{40}+\frac{540}{40}-\frac{64}{40}=\frac{551}{40}=13\frac{31}{40}$

d) $\left(2\frac{1}{2}\right)^2-\left(2\frac{1}{6}-1\frac{3}{4}\right)\cdot\frac{1}{4}=$

$=\frac{5}{2}\cdot\frac{5}{2}-\left(2\frac{2}{12}-1\frac{9}{12}\right)\cdot\frac{1}{4}=\frac{25}{4}-\frac{5\cdot 1}{12\cdot 4}=\frac{300}{48}-\frac{5}{48}=$

$=\frac{295}{48}=6\frac{7}{48}$

30. a) $\frac{4}{5}:\left[\left(\frac{5}{8}-\frac{1}{3}\right)\cdot 12\right]=\frac{4}{5}:\left[\left(\frac{15}{24}-\frac{8}{24}\right)\cdot 12\right]=$

$=\frac{4}{5}:\left[\frac{7}{24}\cdot 12\right]=\frac{4}{5}:\frac{7}{2}=\frac{4\cdot 2}{5\cdot 7}=\frac{8}{35}$

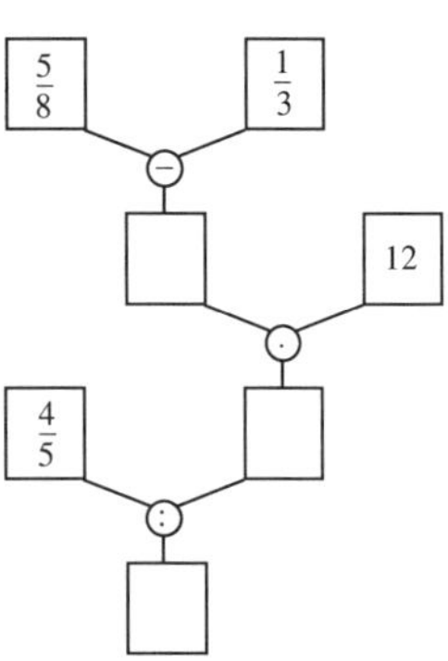

b) $\left[\left(7\frac{3}{4}+\frac{1}{2}\right)-4\frac{2}{7}:\frac{5}{7}\right]:\frac{5}{6}+\left[\frac{7}{8}:1\frac{3}{4}\right]=$

$=\left[8\frac{1}{4}-\frac{30\cdot 7}{7\cdot 5}\right]:\frac{5}{6}+\frac{7\cdot 4}{8\cdot 7}=$

$=\left[8\frac{1}{4}-6\right]:\frac{5}{6}+\frac{1}{2}=$

$$= 2\frac{1}{4} : \frac{5}{6} + \frac{1}{2} = \frac{9 \cdot 6}{4 \cdot 5} + \frac{1}{2} = \frac{27}{10} + \frac{5}{10} = \frac{32}{10} =$$

$$= 3\frac{2}{10} = 3\frac{1}{5}$$

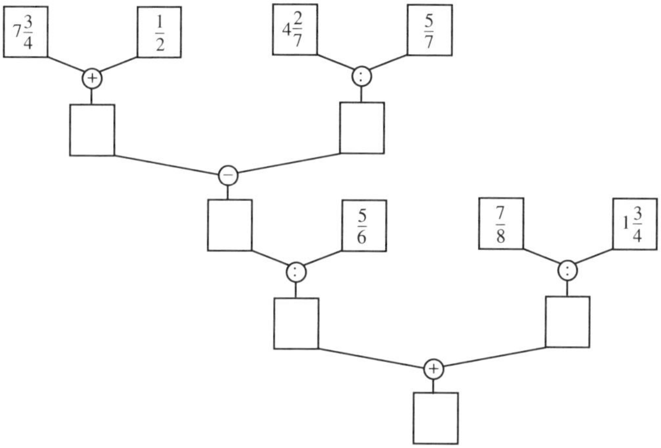

c) $\left(1\frac{1}{5} + \frac{4}{5}\right) - \left(\frac{3}{4} : \frac{1}{2} - 1\frac{1}{6}\right) = 2 - \left(\frac{3 \cdot 2}{4} - 1\frac{1}{6}\right) =$

$$= 2 - \left(\frac{3}{2} - \frac{7}{6}\right) = 2 - \left(\frac{9}{6} - \frac{7}{6}\right) = 2 - \frac{2}{6} = 2 - \frac{1}{3} = 1\frac{2}{3}$$

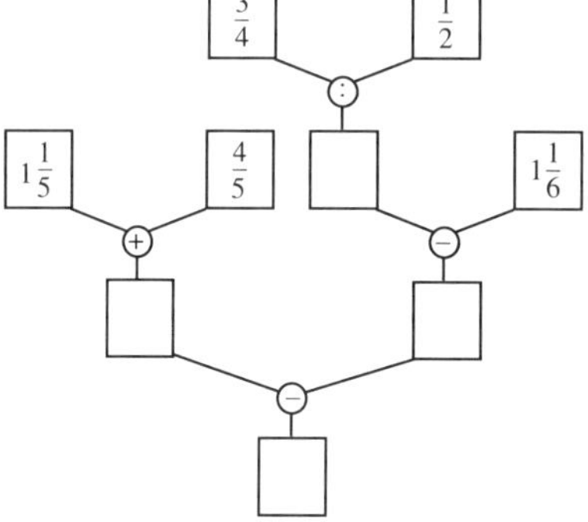

d) $\left(3\frac{7}{12}+2\frac{13}{15}\right)\cdot 1\frac{7}{18}-\frac{7}{12}:2\frac{4}{5}=$

$=\left(3\frac{35}{60}+2\frac{52}{60}\right)\cdot\frac{25}{18}-\frac{7}{12}:\frac{14}{5}=$

$=6\frac{27}{60}\cdot\frac{25}{18}-\frac{7\cdot 5}{12\cdot 14}=6\frac{9}{20}\cdot\frac{25}{18}-\frac{1\cdot 5}{12\cdot 2}=$

$=\frac{129\cdot 25}{20\cdot 18}-\frac{5}{24}=\frac{43\cdot 5}{4\cdot 6}-\frac{5}{24}=\frac{215}{24}-\frac{5}{24}=\frac{210}{24}=8\frac{18}{24}=8\frac{3}{4}$

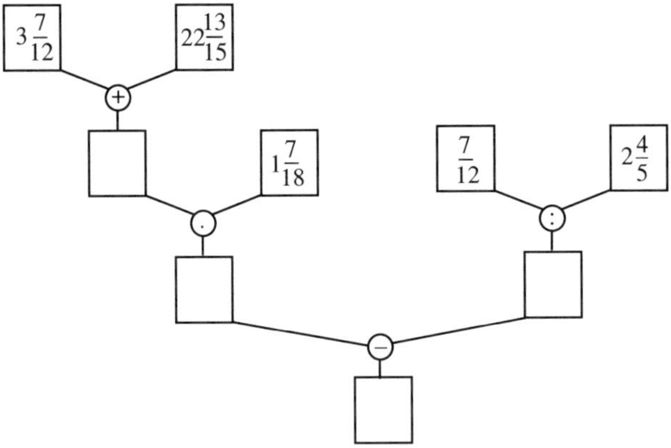

31. a) $7\frac{1}{5}\cdot\frac{3}{4}-3\frac{1}{8}\cdot\frac{64}{125}=\frac{36\cdot 3}{5\cdot 4}-\frac{25\cdot 64}{8\cdot 125}=\frac{27}{5}-\frac{8}{5}=\frac{19}{5}=3\frac{4}{5}$

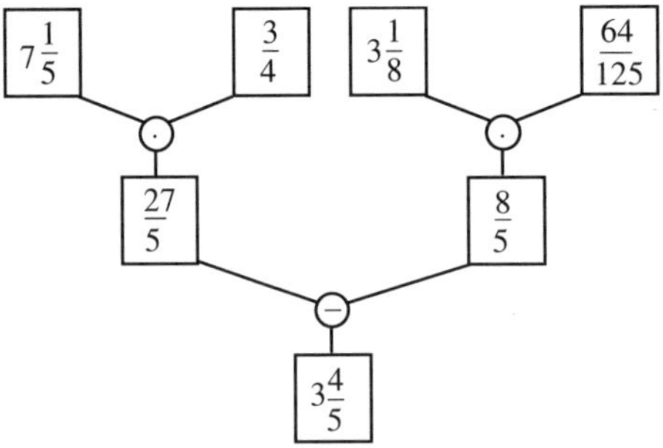

b) $\left[\frac{2}{3}+\left(\frac{7}{8}-\frac{3}{4}\right)\right]:\left[4\frac{1}{2}-7\frac{5}{8}:3\frac{1}{20}\right]=$

$=\left[\frac{2}{3}+\left(\frac{7}{8}-\frac{6}{8}\right)\right]:\left[\frac{9}{2}-\frac{61\cdot 20}{8\cdot 61}\right]=\left[\frac{2}{3}+\frac{1}{8}\right]:\left[\frac{9}{5}-\frac{5}{2}\right]=\left[\frac{16}{24}+\frac{3}{24}\right]:2=$

$=\frac{19}{24}:2=\frac{19}{48}$

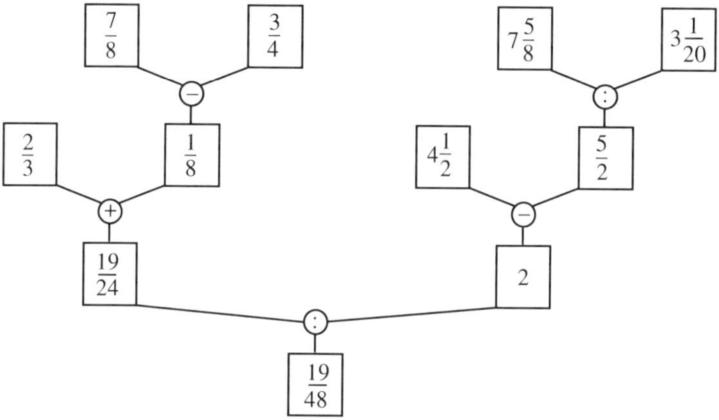

32. a) Der Term ist eine Differenz. Der Minuend ist der Quotient aus der Summe von a^3 und a und dem Ausdruck a. Der Subtrahend ist die Zahl 1.

$T\left(\frac{1}{2}\right)=\left[\left(\frac{1}{2}\right)^3+\frac{1}{2}\right]:\frac{1}{2}-1=\left[\frac{1}{8}+\frac{4}{8}\right]:\frac{1}{2}-1=\frac{5\cdot 2}{8}-1=\frac{5}{4}-1=\frac{1}{4}$

$T\left(3\frac{1}{4}\right)=\left[\left(3\frac{1}{4}\right)^3+3\frac{1}{4}\right]:3\frac{1}{4}-1=\left[\left(\frac{13}{4}\right)^3+\frac{13}{4}\right]:\frac{13}{4}-1=$

$=\left[\frac{2197}{64}+\frac{208}{64}\right]:\frac{13}{4}-1=\frac{2405\cdot 4}{64\cdot 13}-1=\frac{185\cdot 1}{16\cdot 1}-1=11\frac{9}{16}-1=$

$=10\frac{9}{16}$

b) Der Term ist eine Summe. Der 1. Summand ist der Quotient aus der Summe von x^2 und 1 und der Zahl 2. Der 2. Summand ist das Produkt an x und 3.

$$T\left(\frac{1}{3}\right)=\left[\left(\frac{1}{3}\right)^2+1\right]:2+\frac{1}{3}\cdot 2=\left[\frac{1}{9}+1\right]:2+\frac{2}{3}=\frac{5}{9}+\frac{2}{3}=\frac{5}{9}+\frac{6}{9}=\frac{11}{9}=1\frac{2}{9}$$

$$T\left(2\frac{1}{2}\right)=\left[\left(2\frac{1}{2}\right)^2+1\right]:2+2\frac{1}{2}\cdot 2=\left[\frac{25}{4}+1\right]:2+5=\frac{29}{8}+5=8\frac{5}{8}$$

c) Der Term ist eine Differenz. Der Minuend ist die Summe aus 10 und c. Der Subtrahend ist der Quotient aus 1 und c^2.

$$T\left(\frac{1}{3}\right)=\left(10+\frac{1}{3}\right)-1:\left(\frac{1}{3}\right)^2=10\frac{1}{3}-9=1\frac{1}{3}$$

$$T\left(\frac{4}{5}\right)=\left(10+\frac{4}{5}\right)-1:\left(\frac{4}{5}\right)^2=10\frac{4}{5}-\frac{25}{16}=10\frac{64}{80}-1\frac{45}{80}=9\frac{19}{80}$$

$$T\left(1\frac{1}{2}\right)=\left(10+1\frac{1}{2}\right)-1:\left(\frac{3}{2}\right)^2=11\frac{1}{2}-\frac{4}{9}=11\frac{9}{18}-\frac{8}{18}=11\frac{1}{18}$$

d) Der Term ist ein Quotient. Der Zähler ist die Summe aus 1 und y^2, der Nenner die Differenz aus y^2 und 1

$$T\left(1\frac{2}{3}\right)=\left(1+\left(\frac{5}{3}\right)^2\right):\left(\left(\frac{5}{3}\right)^2-1\right)=\left(1+\frac{25}{9}\right):\left(\frac{25}{9}-1\right)=\frac{34}{9}:\frac{16}{9}=$$

$$=\frac{34}{16}=\frac{17}{8}=2\frac{1}{8}$$

$$T\left(\frac{3}{2}\right)=\left(1+\left(\frac{3}{2}\right)^2\right):\left(\left(\frac{3}{2}\right)^2-1\right)=\left(1+\frac{9}{4}\right):\left(\frac{9}{4}-1\right)=\frac{13}{4}:\frac{5}{4}=\frac{13}{5}=2\frac{3}{5}$$

$$T\left(5\frac{1}{3}\right)=\left(1+\left(\frac{16}{3}\right)^2\right):\left(\left(\frac{16}{3}\right)^2-1\right)=\left(1+\frac{256}{9}\right):\left(\frac{256}{9}-1\right)=$$

$$=\frac{265}{9}:\frac{247}{9}=\frac{265}{247}=1\frac{18}{247}$$

Für y = 1 existiert kein Termwert, weil die Division durch 0 nicht erlaubt ist.

33. a)

$$x : \left(\frac{1}{6} + 2\frac{1}{12}\right) = 3\frac{1}{4} : 1\frac{5}{8}$$

$$x : \left(\frac{2}{12} + 2\frac{1}{12}\right) = \frac{13 \cdot 8}{4 \cdot 13}$$

$$x : 2\frac{1}{4} = 2$$

$$x = 2 \cdot 2\frac{1}{4}$$

$$x = 2 \cdot \frac{9}{4}$$

$$x = \frac{9}{2} = 4\frac{1}{2} \qquad L = \left\{4\frac{1}{2}\right\}$$

b)

$$\left(1\frac{1}{2} + 1\frac{2}{5}\right) \cdot x = 3\frac{1}{2} - \frac{2}{5}$$

$$\left(1\frac{5}{10} + 1\frac{4}{10}\right) \cdot x = 3\frac{5}{10} - \frac{4}{10}$$

$$2\frac{9}{10} \cdot x = 3\frac{1}{10}$$

$$\frac{29}{10} \cdot x = \frac{31}{10}$$

$$x = \frac{31}{10} : \frac{29}{10}$$

$$x = \frac{31 \cdot 10}{10 \cdot 29}$$

$$x = \frac{31}{29} = 1\frac{2}{29} \qquad L = \left\{1\frac{2}{29}\right\}$$

c) $x-\left(7\frac{3}{8}-5\frac{5}{12}\right)\cdot 1\frac{1}{2}=\left(1\frac{3}{4}+1\frac{7}{16}\right):3$

$$x-\left(7\frac{9}{24}-5\frac{10}{24}\right)\cdot\frac{3}{2}=\left(1\frac{12}{16}+1\frac{7}{16}\right):3$$

$$x-\left(6\frac{33}{24}-5\frac{10}{24}\right)\cdot\frac{3}{2}=2\frac{19}{16}:3$$

$$x-1\frac{23}{24}\cdot\frac{3}{2}=\frac{51}{16}:3$$

$$x-\frac{47\cdot 3}{24\cdot 2}=\frac{51}{16\cdot 3}$$

$$x-\frac{47}{16}=\frac{17}{16}$$

$$x=\frac{17}{16}+\frac{47}{16}$$

$$x=\frac{64}{16}=4$$

$L = \{4\}$

d) $\left(6\frac{1}{9}-3\frac{1}{15}\right)-x=2\frac{3}{45}$

$$\left(6\frac{5}{45}-3\frac{3}{45}\right)-x=2\frac{3}{45}$$

$$3\frac{2}{45}-x=2\frac{3}{45}$$

$$x=3\frac{2}{45}-2\frac{3}{45}$$

$$x=2\frac{47}{45}-2\frac{3}{45}$$

$$x=\frac{44}{45}$$

$L=\left\{\frac{44}{45}\right\}$

e) $x:\frac{5}{4}\le 1\frac{11}{25}$

$$x\le\frac{36}{25}\cdot\frac{5}{4}$$

$$x\le\frac{9}{5}=1\frac{4}{5}$$

$L=\left\{\, x\in\mathbb{Q}_0^+ \mid x\le 1\frac{4}{5}\,\right\}$

f) $2\frac{9}{19} \cdot x > 5\frac{2}{9}$

$\frac{47}{19} \cdot x > \frac{47}{9}$

$x > \frac{47}{9} : \frac{47}{19}$

$x > \frac{47 \cdot 19}{9 \cdot 47}$

$x > \frac{19}{9} = 2\frac{1}{9}$ $\qquad L = \left\{ x \in \mathbb{Q}_0^+ \mid x > 2\frac{1}{9} \right\}$

34. a) $\left(4\frac{1}{5} + 11\frac{5}{6}\right) : x = \frac{13}{3}$

$\left(4\frac{6}{30} + 11\frac{25}{30}\right) : x = \frac{13}{3}$

$16\frac{1}{30} : x = \frac{13}{3}$

$x = 16\frac{1}{30} : \frac{13}{3}$

$x = \frac{481 \cdot 3}{30 \cdot 13} =$

$x = \frac{37 \cdot 1}{10 \cdot 1} = \frac{37}{10}$

$x = 3\frac{7}{10}$

Die gesuchte Zahl heißt $3\frac{7}{10}$.

b) $x^2 = 5\frac{19}{25}$

$x^2 = \frac{144}{25}$

$x = \frac{12}{5} = 2\frac{2}{5}$

Die gesuchte Zahl heißt $2\frac{2}{5}$.

c) $\left(3\frac{5}{6}-1\frac{3}{18}\right)\cdot x=4\frac{1}{2}+2\frac{1}{3}$

$$\left(3\frac{15}{18}-1\frac{3}{18}\right)\cdot x=4\frac{3}{6}+2\frac{2}{6}$$

$$2\frac{2}{3}\cdot x=6\frac{5}{6}$$

$$x=\frac{41}{6}:\frac{8}{3}$$

$$x=\frac{41\cdot 3}{6\cdot 8}=\frac{41}{16}$$

$$x=2\frac{9}{16}$$

Die gesuchte Zahl heißt $2\frac{9}{16}$.

d) $\left[\left(3\frac{5}{6}+1\frac{3}{18}\right)\cdot\left(3\frac{5}{6}-1\frac{3}{18}\right)\right]:x=3\frac{5}{6}\cdot 1\frac{3}{18}$

$$\left[\left(3\frac{15}{18}+1\frac{3}{18}\right)\cdot\left(3\frac{15}{18}-1\frac{3}{18}\right)\right]:x=\frac{23}{6}\cdot\frac{21}{18}$$

$$\left[5\cdot 2\frac{2}{3}\right]:x=\frac{23\cdot 21}{6\cdot 18}$$

$$\frac{5\cdot 8}{3}:x=\frac{161}{36}$$

$$x=\frac{40}{3}:\frac{161}{36}$$

$$x=\frac{40\cdot 36}{3\cdot 161}$$

$$x=\frac{480}{161}=2\frac{158}{161}$$

Die gesuchte Zahl heißt $2\frac{158}{161}$.

e) $x \cdot \left[\left(\frac{1}{3}\right)^2 + \left(\frac{1}{9}\right)^2\right] = \left(\frac{1}{3} + \frac{1}{9}\right)^2$

$$x \cdot \left[\frac{1}{9} + \frac{1}{81}\right] = \left(\frac{3}{9} + \frac{1}{9}\right)^2$$

$$x \cdot \frac{10}{81} = \frac{16}{81}$$

$$x = \frac{16}{81} : \frac{10}{81}$$

$$x = \frac{16 \cdot 81}{81 \cdot 10}$$

$$x = \frac{16}{10} = \frac{8}{5} = 1\frac{3}{5}$$

Die gesuchte Zahl heißt $1\frac{3}{5}$.

f) $x - \left(8\frac{2}{3} + 5\frac{1}{6}\right) = 8\frac{2}{3} \cdot 5\frac{1}{6}$

$$x - \left(8\frac{4}{6} + 5\frac{1}{6}\right) = \frac{26}{3} \cdot \frac{31}{6}$$

$$x - 13\frac{5}{6} = \frac{806}{18}$$

$$x = 44\frac{14}{18} + 13\frac{15}{18}$$

$$x = 57\frac{29}{18} = 58\frac{11}{18}$$

Die gesuchte Zahl heißt $58\frac{11}{18}$.

35. Der Preis des Mantels sei x. Wenn der Preis um $\frac{3}{100}$ gestiegen ist, dann ist der jetzige Preis $\frac{103}{100}$ des ursprünglichen Preises. Es wird in DM gerechnet.

$$\frac{103}{100} \cdot x = 515$$

$$x = 515 : \frac{103}{100}$$

$$x = \frac{515 \cdot 100}{103}$$

$$x = 500$$

Der ursprüngliche Preis des Mantels war 500 DM.

36. Die Strecke sei x. Die neue Strecke ist dann $x + \frac{1}{9} \cdot x + \frac{1}{9} \cdot x = \frac{11}{9} \cdot x$. Es wird in cm bzw. cm^2 gerechnet.

$$\left(\frac{11}{9} \cdot x\right)^2 = 121$$

$$\frac{11}{9} \cdot x = 11$$

$$x = 11 : \frac{11}{9}$$

$$x = 9$$

Die ursprüngliche Strecke war 9 cm.

37. a) Carmen erhält $1 - \frac{1}{3} - \frac{2}{5} = \frac{15}{15} - \frac{5}{15} - \frac{6}{15} = \frac{4}{15}$ des Lottogewinnes.

b) Anna: $\frac{1}{3}$ von 10 500 DM = 3 500 DM

Benno: $\frac{2}{5}$ von 10 500 DM= (10 500 DM : 5) · 2 = 2 100 DM · 2 =

= 4 200 DM

Carmen: 10 500 DM – 3 500 DM – 4 200 DM = 2 800 DM

38. $\frac{3}{4}$ von 180 000 DM = (180 000 DM : 4) · 3 = 45 000 DM · 3 = 135 000 DM
restliches Geld: 180 000 DM – 135 000 DM = 45 000 DM.

$\frac{9}{20}$ von 45 000 DM = (45 000 DM : 20) · 9 = 2 250 DM · 9 = 20 250 DM
Rest: 180 000 DM – 135 000 DM – 20 250 DM = 24 750 DM

Bruchteil: $\frac{24\,750}{180\,000} = \frac{2\,475}{18\,000} = \frac{495}{3\,600} = \frac{99}{720} = \frac{11}{80}$

Er zahlt 135 000 DM aufs Sparbuch ein, 20 250 DM schenkt er seiner Tochter und für ihn bleiben 24 750 DM übrig. Das sind $\frac{11}{80}$ des Gesamtbetrages.

39. a) Länge des Pfahls sei x. Gerechnet wird in cm.

$$x - \frac{1}{3} \cdot x - \frac{7}{18} \cdot x = 35$$

$$x - \frac{6}{18} \cdot x - \frac{7}{18} \cdot x = 35$$

$$\frac{5}{18} \cdot x = 35$$

$$x = 35 : \frac{5}{18}$$

$$x = \frac{35 \cdot 18}{5}$$

$$x = 126$$

Der Pfahl ist 126 cm lang.

b) Im Grund: $\frac{1}{3}$ von 126 cm = 42 cm

Im Wasser: $\frac{7}{18}$ von 126 cm = 49 cm

40. Der Bruchteil beträgt $1 - \frac{1}{3} - \frac{7}{12} = 1 - \frac{4}{12} - \frac{7}{12} = \frac{1}{12}$

$\frac{1}{12}$ von 2 124 m^2 = 2 124 m^2 : 12 = 177 m^2.

$\frac{1}{12}$ der Gesamtfläche werden von Gebäuden bedeckt. Das sind 177 m^2.

41. $0 = 2 \cdot a \cdot b + 2 \cdot b \cdot c + 2 \cdot a \cdot c$

Gerechnet wird in dm bzw. dm^2.

$$2 \cdot 2\frac{1}{2} \cdot 1\frac{1}{5} + 2 \cdot 1\frac{1}{5} \cdot c + 2 \cdot 2\frac{1}{2} \cdot c = 11\frac{23}{25}$$

$$2 \cdot \frac{5}{2} \cdot \frac{6}{5} + 2 \cdot \frac{6}{5} \cdot c + 2 \cdot \frac{5}{2} \cdot c = 11\frac{23}{25}$$

$$6 + \frac{12}{5} \cdot c + 5 \cdot c = 11\frac{23}{25}$$

$$\frac{12}{5} \cdot c + \frac{25}{5} \cdot c = 11\frac{23}{25} - 6$$

$$\frac{37}{5} \cdot c = 5\frac{23}{25}$$

$$c = \frac{148}{25} : \frac{37}{5}$$

$$c = \frac{148 \cdot 5}{25 \cdot 37}$$

$$c = \frac{4}{5}$$

Die Höhe des Quaders beträgt $\frac{4}{5}$ dm = 8 cm.

42. Bruchteil: $1 - \frac{7}{20} - \frac{7}{50} - \frac{3}{10} - \frac{1}{25} = \frac{100}{100} - \frac{35}{100} - \frac{14}{100} - \frac{30}{100} - \frac{4}{100} =$

$$= \frac{100}{100} - \frac{83}{100} = \frac{17}{100}$$

$\frac{17}{100}$ von 4 000 DM = (4 000 DM : 100) · 17 = 40 DM · 17 = 680 DM.

Für weitere Ausgaben bleiben $\frac{17}{100}$ des Einkommens übrig. Das sind 680 DM.

43. Anzahl der Schüler sei x.

$$\frac{4}{5} \cdot \frac{2}{3} \cdot x = 16$$

$$\frac{8}{15} \cdot x = 16$$

$$x = 16 : \frac{8}{15}$$

$$x = \frac{16 \cdot 15}{8}$$

$$x = 30$$

$\frac{8}{15}$ der Schüler benutzen den Stadtbus. Die Klasse umfaßt 30 Schüler.

44. Die Anzahl der Schüler und Schülerinnen sei x.

$$x - \frac{7}{24} \cdot x - \frac{23}{72} \cdot x = 210$$

$$\frac{72}{72} \cdot x - \frac{21}{72} \cdot x - \frac{23}{72} \cdot x = 210$$

$$\frac{28}{72} \cdot x = 210$$

$$x = 210 : \frac{28}{72}$$

$$x = \frac{210 \cdot 72}{28} = 540$$

Die gesamte Schule zählt 540 Schüler und Schülerinnen.

45. $\frac{2}{7}$ von 336 DM = (336 DM : 7) · 2 = 96 DM

Rest 336 DM – 96 DM – 24 DM = 216 DM

Bruchteil: $\frac{216}{336} = \frac{27}{42} = \frac{9}{14}$

Er besitzt noch $\frac{9}{14}$ des ersparten Geldes.

46. Nach dem Räuchern bleiben noch $\frac{23}{26}$ übrig.

$$\frac{23}{26} \text{ von } 10\frac{2}{5} \text{ kg} = \left(10\frac{2}{5} \text{ kg} : 26\right) \cdot 23 = \frac{52 \cdot 23}{5 \cdot 26} \text{kg} = \frac{46}{5} \text{kg} = 9\frac{1}{5} \text{kg}$$

Der Schinken wiegt nach dem Räuchern noch $9\frac{1}{5}$ kg.

47. Der Inhalt des Fasses seien x Liter.

$$\frac{7}{15} \cdot x + 5 = \frac{1}{2} \cdot x$$

$$5 = \frac{1}{2} \cdot x - \frac{7}{15} \cdot x$$

$$5 = \frac{15}{30} \cdot x - \frac{14}{30} \cdot x$$

$$5 = \frac{1}{30} \cdot x$$

$$x = 5 : \frac{1}{30}$$

$$x = 5 \cdot 30$$

$$x = 150$$

Im vollen Faß waren 150 Liter.

48. a) $144,89 = 144\frac{89}{100}$ b) $61,4005 = 61\frac{4\,005}{10\,000}$

c) $0,0001 = \frac{1}{10\,000}$ d) $44,1 = 44\frac{1}{10}$

49. a) 28,05 DM = 28 DM 5 Pf

b) 13,028 kg = 13 kg 28 g

c) 1,0438 ha = 1 ha 4 a 38 m^2

d) 4,04 m^2 = 4 m^2 4 dm^2

e) 8,25 h = 8 h $\frac{25}{100}$ h = 8 h 15 min

f) 14,03 m = 14 m 3 cm

g) 0,0315 t = 0,031500 t = 31 kg 500 g

h) 0,011 ha = 0,0110 ha = 1 a 10 m^2

50. a) 6 ha 4 a 8 m^2 = 604,08 a

b) 104 m 3 cm = 0,10403 km

c) 1 t 5 kg 10 g = 1,005010 t

d) 1 km^2 1 dm^2 = 1 000 000,01 m^2

e) 132 min = $2\frac{12}{60}$ h = 2,2 h

f) 1 586 Pf = 15,86 DM

g) 1 km^2 7 ha 3 a = 107,03 ha

h) 1 h 18 min 48 s = $78\frac{48}{60}$ min = 78,8 min

51. a) 16,9888 ≈ 17,0

b) 37,4949 ≈ 37,49

c) 28,3663 ≈ 28,366

d) 0,00495 ≈ 0,0050

52. a) 4,25: $\{x \mid 4{,}245 \le x < 4{,}255\}$

b) 19,613: $\{x \mid 19{,}6125 \le x < 19{,}6135\}$

c) 8,1: $\{x \mid 8{,}05 \le x < 8{,}15\}$

d) 6: $\{x \mid 5{,}5 \le x < 6{,}5\}$

53. a) 7,349 + 4,08 + 9,9 + 2,94 = 7,349 + 4,080 + 9,900 + 2,940 = 24,269

b) 10,45321 – 0,953 = 10,45321 – 0,95300 = 9,50021

c) $7{,}3 + \frac{1}{2} + 6{,}44 + 1\frac{5}{8} = 7{,}300 + 0{,}500 + 6{,}440 + 1{,}625 = 15{,}865$

d) (88,43 – 5,1) – (77,44 – 22,388) = (88,43 – 5,10) – (77,440 – 22,388) =
= 83,33 – 55,052 = 83,330 – 55,052 = 28,278

e) $581{,}66 - (22{,}761 + 86{,}52) - (98{,}9 - 93{,}645) =$
$= 581{,}66 - (22{,}761 + 86{,}520) - (98{,}900 - 93{,}645) =$
$= 581{,}66 - 109{,}281 - 5{,}255 =$
$= 581{,}660 - (109{,}281 + 5{,}255) =$
$= 581{,}660 - 114{,}536 = 467{,}124$

f) $70{,}365 - [(36{,}501 - 0{,}11) - (212{,}2 - 198{,}76)] =$
$= 70{,}365 - [(36{,}501 - 0{,}110) - (212{,}200 - 198{,}760)] =$
$= 70{,}365 - [36{,}391 - 13{,}440] =$
$= 70{,}365 - 22{,}951 = 47{,}414$

54. a)
$$\begin{array}{r} \underline{28{,}143 \cdot 17{,}01} \\ 28143 \\ 1970010 \\ \underline{28143} \\ 478{,}71243 \end{array}$$

b)
$$\begin{array}{r} \underline{44{,}44 \cdot 0{,}044} \\ 17776 \\ \underline{17776} \\ 1{,}95536 \end{array}$$

b)
$$\begin{array}{r} \underline{169{,}1 \cdot 13{,}45} \\ 1691 \\ 5073 \\ 6764 \\ \underline{8455} \\ 2274{,}395 \end{array}$$

d)
$$\begin{array}{r} \underline{9{,}99 \cdot 0{,}111} \\ 999 \\ 999 \\ \underline{999} \\ 1{,}10889 \end{array}$$

e) $618{,}3416 \cdot 0{,}0058 \approx 6{,}18 \cdot 0{,}58 \approx 6{,}1 \cdot 0{,}6 \approx 3{,}66$

55. a)
$$\begin{array}{l} 897{,}6 : 17 = 52{,}8 \\ \underline{85} \\ 47 \\ \underline{34} \\ 136 \\ \underline{136} \\ - \end{array}$$

b)
$$\begin{array}{l} 721{,}204 : 16{,}28 = \\ 72120{,}4 : 1628 = 44{,}3 \\ \underline{6512} \\ 7000 \\ \underline{6512} \\ 4884 \\ \underline{4884} \\ - \end{array}$$

c) 91,118 : 0,145 =
91118 : 145 = 628,4
870
411
290
1218
1160
580
580
–

d) 102,96 : 1,584 =
102960 : 1584 = 65
9504
7920
7920
–

e) $22:7 = 3,14285714\ldots = 3,\overline{142857}$
21
10
7
30
28
20
14
60
56
40
35
50
49
10
7
30…

f) $624,4 : 18 = 34,688\ldots = 34,6\overline{8}$
54
84
72
124
108
160
144
160…

56. a) $\frac{15}{40} = \frac{3}{8} = 0,375$

b) $\frac{67}{3} = 22\frac{1}{3} = 22,333... = 22,\overline{3}$

c) $6\frac{7}{11} = 6,6363... = 6,\overline{63}$ NR: 7 : 11 = 0,636
70
66
40
33
70...

d) $1\frac{29}{30} = 1,9666... = 1,9\overline{6}$ NR: 29 : 30 = 0,966...
290
270
200
180
200...

57. a) 621,24 – [423,43 – (95,835 – 82,7018)] – 195,9432 =
= 621,24 – [423,4300 – (95,8350 – 82,7018)] – 195,9432 =
= 621,24 – [423,4300 – 13,1332] – 195,9432 =
= 621,24 – 410,2968 – 195,9432 = 621,2400 – [410,2968 + 195,9432] =
= 621,24 – 606,24 = 15

b) (11,23 + 3,199) : (8,125 – 8,078) = (11,230 + 3,199) : (8,125 – 8,078) =
= 14,429 : 0,047 = 14 429 : 47 = 307

c) (233,2 + 195,55) : [(33,217 + 211,783) · 0,5] =
= (233,20 + 195,55) : [245 · 0,5] = 428,75 : 122,5 = 4 287,5 : 1 225 = 3,5

d) $\frac{1,17 \cdot 3,5}{7,5 \cdot 0,15} = (1,17 \cdot 3,5) : (7,5 \cdot 0,15) = 4,095 : 1,125 =$
$= 4095 : 1125 = 3,64$

58. a) (8,41 + 22,038) – 1,31 · 12,45 = 30,448 – 16,3095 = 14,1385

b) (13,806 – 11,34) : (0,62 + 0,75) = 2,466 : 1,37 = 1,8

c) 6,41 · 7,9 + 17,625 : 23,5 = 50,639 + 0,75 = 51,389

d) (14,625 : 0,13) · (13,049 – 3,094) = 112,5 · 9,955 = 1119,9375

59. a)
$$(11{,}34 \cdot 25{,}2) : 12 - x = 5{,}634 + 6{,}116$$
$$285{,}768 : 12 - x = 11{,}75$$
$$23{,}814 - x = 11{,}750$$
$$x = 23{,}814 - 11{,}750$$
$$x = 12{,}064$$

$L = \{12{,}064\}$

b)
$$x : (0{,}843 + 0{,}313) = 0{,}24 \cdot (6{,}26 - 4{,}98)$$
$$x : 1{,}156 = 0{,}24 \cdot 1{,}28$$
$$x : 1{,}156 = 0{,}3072$$
$$x = 0{,}3072 \cdot 1{,}156$$
$$x = 0{,}3551232$$

$L = \{0{,}3551232\}$

c)
$$(8{,}4519 - 8{,}4496) \cdot x = 7{,}846 - 7{,}363$$
$$0{,}0023 \cdot x = 0{,}483$$
$$x = 0{,}483 : 0{,}0023$$
$$x = 4\,830 : 23$$
$$x = 210$$

$L = \{210\}$

d)
$$48{,}39 + 4{,}141 + 13{,}4 + x < 101{,}06$$
$$65{,}931 + x < 101{,}06$$
$$x < 101{,}060 - 65{,}931$$
$$x < 35{,}129$$

$L = \{x \in \mathbb{Q}_0^+ \mid x < 35{,}129\}$

60. a)
$$x \cdot 13{,}2 = 102{,}34 + 66{,}62$$
$$x \cdot 13{,}2 = 168{,}96$$
$$x = 168{,}96 : 13{,}2$$
$$x = 12{,}8$$

Die gesuchte Zahl ist 12,8.

b)
$$7{,}48 \cdot 8{,}5 - x = 35{,}36 : 6{,}8$$
$$63{,}58 - x = 5{,}2$$
$$x = 63{,}58 - 5{,}20$$
$$x = 58{,}38$$

Die gesuchte Zahl heißt 58,38.

c) $x^2 = 88{,}125 : 14{,}1$
$x^2 = 6{,}25$
$x = 2{,}5$
Die gesuchte Zahl heißt 2,5.

d) $(228{,}46 + 391{,}06) : x = 184{,}96 - 159{,}36$
$619{,}52 : x = 25{,}6$
$x = 619{,}52 : 25{,}6$
$x = 24{,}2$
Die gesuchte Zahl heißt 24,2.

61. Es wird in DM gerechnet.
$(1\,200 \cdot 3{,}55 + 68{,}60 + 1\,082{,}15) : (1\,200 : 0{,}75) =$
$= (4\,260 + 68{,}60 + 1\,082{,}15) : 1\,600 =$
$= 5\,410{,}75 : 1\,600 = 3{,}381 \approx 3{,}38$
Der Verkaufspreis für eine Flasche Wein muß 3,38 DM betragen.

62. Es wird in Meter und in Sekunden gerechnet.

a) $0{,}75 \cdot (1{,}5 \cdot 3\,600) = 0{,}75 \cdot 5\,400 = 4\,050$ m
Bei abgestelltem Motor wird es 4 050 m = 4,050 km abgetrieben.

b) $2\,205 : (4{,}5 + 0{,}75) = 2\,205 : 5{,}25 = 420$
Das Boot benötigt 420 s = 7 min.

63. Es wird in Minuten und in Kilometern gerechnet.

a) $4\,2336 : 98 = 432$
In einer Minute legt das Raumschiff 432 km zurück.

b) $388\,800 : 432 = 900$
Das Raumschiff würde 900 min = 15 h benötigen.

64. Es wird in DM gerechnet.
$(5{,}40 \cdot 4{,}65) \cdot 128{,}90 = 25{,}11 \cdot 128{,}90 = 3\,236{,}679 \approx 3\,236{,}68$
Es entstehen Kosten in Höhe von 3 236,68 DM.

65. a) $25{,}4\,\frac{\text{m}}{\text{s}} = 25{,}4 \cdot \frac{0{,}001\ \text{km}}{\frac{1}{3\,600}\ \text{h}} = 25{,}4 \cdot 3{,}6\,\frac{\text{km}}{\text{h}} = 91{,}44\,\frac{\text{km}}{\text{h}}$

b) 2 159 : 25,4 = 85
Das Auto braucht 85 s = 1 min 25 s.

66. Es wird in DM gerechnet.
1,20 – 12,60 : 12 = 1,20 – 1,05 = 0,15
Der Einzelfahrschein ist 0,15 DM = 15 Pf teuerer.

67. Es wird in DM gerechnet.
(38,8 · 24,4) · 180,20 + 64 850,32 =
= 946,72 · 180,20 + 64 850,32 =
= 170 598,94 + 64 850,32 = 235 449,26
Der Bauplatz kostet insgesamt 235 449,26 DM

180,20 + 64 850,32 : 946,72 =
= 180,20 + 68,50 = 248,70
1 m^2 kostet mit Erschließung 248,70 DM.

68. a) Es wird in Stunden gerechnet.
180 : 90 + 180 : 120 = 2 + 1,5 = 3,5
Das Auto benötigt 3,5 h = 3 h 30 min.

b) Es wird in $\frac{\text{km}}{\text{h}}$ gerechnet.
360 : 3,5 = 102,85 ≈ 102,9
Die mittlere Geschwindigkeit beträgt 102,9 $\frac{\text{km}}{\text{h}}$.

69. Gesamtzahl = 843 + 2 025 + 332 = 3 200 Fahrzeuge

$$h(\text{LKW}) = \frac{843}{3200} = 0{,}263$$

$$h(\text{PKW}) = \frac{2025}{3200} = 0{,}633$$

$$h(\text{Krafträder}) = \frac{332}{3200} = 0{,}104$$

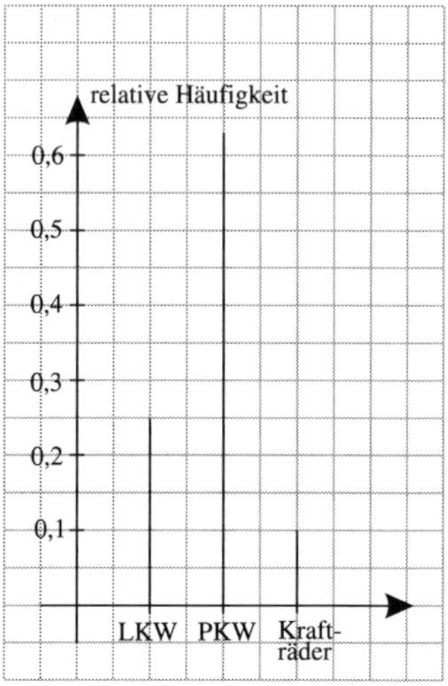

70. a) Gesamtzahl: 27

Länge in cm	138	139	140	141	142	143	144	145
Anzahl	1	4	6	2	3	0	1	1
rel. Häufigk.	0,037	0,148	0,222	0,074	0,111	0	0,037	0,037

Länge in cm	146	147	148	149	150	151	152	153
Anzahl	1	0	4	0	1	0	2	1
rel. Häufigk.	0,037	0	0,148	0	0,037	0	0,074	0,037

b) $(1 \cdot 138 + 4 \cdot 139 + 6 \cdot 140 + 2 \cdot 141 + 3 \cdot 142 + 1 \cdot 144 + 1 \cdot 145 +$
$1 \cdot 146 + 4 \cdot 148 + 1 \cdot 150 + 2 \cdot 152 + 1 \cdot 153) : 27 =$
$= 3\,876 : 27 = 143{,}55... = 143{,}\overline{5} \approx 143{,}56$
Die mittlere Körpergröße beträgt 143,56 cm.

71. $(8 \cdot 1 + 3 \cdot 2 + 4 \cdot 3 + 7 \cdot 4 + 2 \cdot 5 + 5 \cdot 6) : 29 = 94 : 29 = 3{,}241 \approx 3{,}24$
Der Notendurchschnitt beträgt 3,24.

72. a) $\frac{4}{25} = \frac{16}{100} = 16\ \%$

b) $\frac{1}{400} = \frac{1}{4} \cdot \frac{1}{100} = \frac{1}{4}\ \%$

c) $\frac{6}{125} = \frac{48}{1000} = 48\ ‰$

d) $\frac{3}{16} = \frac{3000}{16}\ ‰ = 187{,}5\ ‰$

e) $41\frac{2}{3}\ \% = \frac{125}{3} \cdot \frac{1}{100} = \frac{125}{300} = \frac{5}{12}$

f) $6{,}25\ \% = 6\frac{1}{4}\ \% = \frac{25}{4} \cdot \frac{1}{100} = \frac{25}{400} = \frac{1}{16}$

73. a) $14\ \%$ von $280\ \text{DM} = \frac{280\ \text{DM} \cdot 14}{100} = 39{,}20\ \text{DM} = 3920\ \text{Pf}$

b) $\frac{1}{2}\ \%$ von $88\ \text{t} = \frac{88\,000\ \text{kg} \cdot 0{,}5}{100} = 440\ \text{kg} = 0{,}440\ \text{t}$

c) $120\ \%$ von $16\ \text{km} = \frac{16\,000\ \text{m} \cdot 120}{100} = 19\,200\ \text{m} = 19{,}2\ \text{km}$

d) $73\ \%$ von $46\ \text{h} = \frac{46 \cdot 60\ \text{min} \cdot 73}{100} = 2\,014{,}8\ \text{min} = 33{,}58\ \text{h}$

74. a) $20\ \%$ von $50\ \% = \frac{50}{100} \cdot \frac{20}{100} = \frac{10}{100} = 10\ \% = 0{,}2 \cdot 50\ \%$

b) $50\ \%$ von $5\ \% = \frac{50}{100} \cdot \frac{5}{100} = \frac{2{,}5}{100} = 2{,}5\ \% = 0{,}5 \cdot 5\ \%$

c) $20\ \%$ von $20\ \% = \frac{20}{100} \cdot \frac{20}{100} = \frac{4}{100} = 4\ \% = 0{,}2 \cdot 20\ \%$

d) $40\ \%$ von $160\ \% = \frac{40}{100} \cdot \frac{160}{100} = \frac{64}{100} = 64\ \% = 0{,}4 \cdot 160\ \%$

75. $\frac{1280\text{ DM} \cdot 3,5}{100} = \frac{4480}{100}\text{ DM} = 44,80\text{ DM}$

Laura spart 44,80 DM.

76. a) $\frac{312,5}{500} \cdot 100\,\% = 62,5\,\%$

b) $\frac{60}{90} \cdot 100\,\% = \frac{2}{3} \cdot 100\,\% = 66\frac{2}{3}\,\%$

c) $\frac{100}{100} \cdot 100\,\% = 100\,\%$

d) $\frac{30}{300} \cdot 100\,\% = 10\,\%$

77. $\frac{36}{270+36} \cdot 100\,\% = \frac{36}{306} \cdot 100\,\% = 11,7647\ldots\% \approx 11,76\,\%$

Die Angestellen machen 11,76 % in der Belegschaft aus.

78. a) $\frac{5}{25} \cdot 100\,\% = 20\,\%$

Kai hat 20 % seines Geldes abgegeben.

b) $\frac{5}{15} \cdot 100\,\% = 33\frac{1}{3}\,\%$

Kathrins Geld hat um $33\frac{1}{3}\,\%$ zugenommen.

Beachte: Es kommt wesentlich darauf an, auf welchen Ausgangswert sich die Veränderung von 5 DM bezieht!

79. Wenn die Geldsumme x um 12 % erhöht wurde, dann sind die 9 408 DM

112 % von x = 1,12 · x

$1,12 \cdot x = 9\,408\text{ DM}$

$x = 9\,408\text{ DM} : 1,12$

$x = 8\,400\text{ DM}$

Die ursprüngliche Geldsumme betrug 8 400 DM.

80. Die 3,80 DM sind 95 % des ursprünglichen Betrages x, d. h. 0,95 · x.

$$0{,}95 \cdot x = 3{,}80 \text{ DM}$$
$$x = 3{,}80 \text{ DM} : 0{,}95$$
$$x = 4 \text{ DM}$$

Der ursprüngliche Preis war 4 DM.

81. Der Preis des Grundstückes sei x.

$$0{,}07 \cdot x = 1\,232 \text{ DM}$$
$$x = 1\,232 \text{ DM} : 0{,}07$$
$$x = 17\,600 \text{ DM}$$

Der Wert des Grundstückes beträgt 17 600 DM.

82. Es wird die Zinsformel verwendet. Gerechnet wird in 360 Tagen bzw. 12 Monaten für 1 Jahr.

a) $$72\,000 \text{ DM} \cdot \frac{7}{100} \cdot \frac{50}{360} = \frac{72\,000 \cdot 7 \cdot 50}{100 \cdot 360} \text{DM} = 700 \text{ DM}$$

b) $$6\,600 \text{ DM} \cdot \frac{5}{100} \cdot \frac{3{,}5}{12} = \frac{6\,600 \cdot 5 \cdot 3{,}5}{100 \cdot 12} \text{DM} = 96{,}25 \text{ DM}$$

c) $$720 \text{ DM} \cdot \frac{4{,}5}{100} \cdot \frac{15}{12} = \frac{720 \cdot 4{,}5 \cdot 15}{100 \cdot 12} \text{DM} = 40{,}50 \text{ DM}$$

83. Der Zinssatz betrage $\frac{x}{100} = x$ %. Dann sind folgende Gleichungen zu lösen, die sich durch Einsetzen in die Zinsformel ergeben. Gerechnet wird in DM und Tagen.

a) $$48\,000 \cdot \frac{x}{100} \cdot \frac{30}{360} = 460$$
$$40 \cdot x = 460$$
$$x = 460 : 40$$
$$x = 11{,}5$$

Der Zinssatz beträgt 11,5 %.

b) $$120\,000 \cdot \frac{x}{100} \cdot \frac{135}{360} = 1\,800$$
$$450 \cdot x = 1800$$
$$x = 1800 : 450$$
$$x = 4$$
Der Zinssatz beträgt 4 %.

c) $$100 \cdot \frac{x}{100} \cdot \frac{240}{360} = 4$$
$$\frac{2}{3} \cdot x = 4$$
$$x = 4 : \frac{2}{3}$$
$$x = 6$$
Der Zinssatz beträgt 6 %.

84. Die Zeit betrage x Tage. Dann sind folgende Gleichungen zu lösen, die sich durch Einsetzen in die Zinsformel ergeben. Es wird in DM und Tagen gerechnet.

a) $$5\,400 \cdot \frac{6}{100} \cdot \frac{x}{360} = 63$$
$$0{,}9 \cdot x = 63$$
$$x = 63 : 0{,}9$$
$$x = 70$$
Das Geld wird 70 Tage verzinst.

b) $$12\,000 \cdot \frac{4{,}5}{100} \cdot \frac{x}{360} = 1\,080$$
$$1{,}5 \cdot x = 1\,080$$
$$x = 1\,080 : 1{,}5$$
$$x = 720$$
Das Geld wird 720 Tage = 2 Jahre verzinst.

c) $$240\,000 \cdot \frac{7{,}5}{100} \cdot \frac{x}{360} = 400$$
$$50 \cdot x = 400$$
$$x = 8$$
Das Geld wird 8 Tage angelegt.

85. Das Kapital sei x DM. Dann sind folgende Gleichungen zu lösen, die sich durch Einsetzen in die Zinsformel ergeben. Es wird in DM gerechnet.

a) $$x \cdot \frac{6}{100} \cdot \frac{120}{360} = 320$$
$$0{,}02 \cdot x = 320$$
$$x = 320 : 0{,}02$$
$$x = 16\,000$$

Das Kapital beträgt 16 000 DM.

b) $$x \cdot \frac{4{,}8}{100} \cdot \frac{5}{12} = 640$$
$$0{,}02 \cdot x = 640$$
$$x = 640 : 0{,}02$$
$$x = 32\,000$$

Das Kapital beträgt 32 000 DM.

c) $$x \cdot \frac{9{,}6}{100} \cdot \frac{420}{360} = 3500$$
$$0{,}112 \cdot x = 3500$$
$$x = 3500 : 0{,}112$$
$$x = 31\,250$$

Das Kapital beträgt 31 250 DM.

86. Die Aufgabe wird wie unter 85 gelöst.
$$x \cdot \frac{4{,}5}{100} \cdot \frac{1}{12} = 450$$
$$0{,}00375 \cdot x = 450$$
$$x = 450 : 0{,}00375$$
$$x = 120\,000$$

Man müßte ein Kapital von 120 000 DM besitzen.

87. a) $x \mapsto x + 1$

$0 \mapsto 1$
$2 \mapsto 3$
$4 \mapsto 5$
$6 \mapsto 7$

Paarmenge: $\{(0 \mid 1), (2 \mid 3), (4 \mid 5), (6 \mid 7)\}$

Pfeildiagramm:

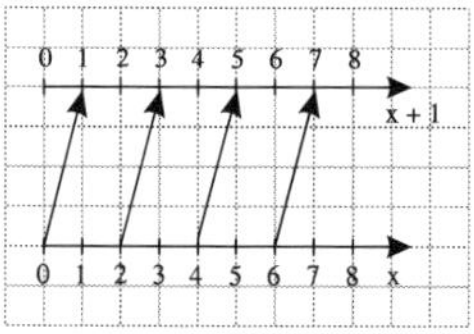

Gitternetz:

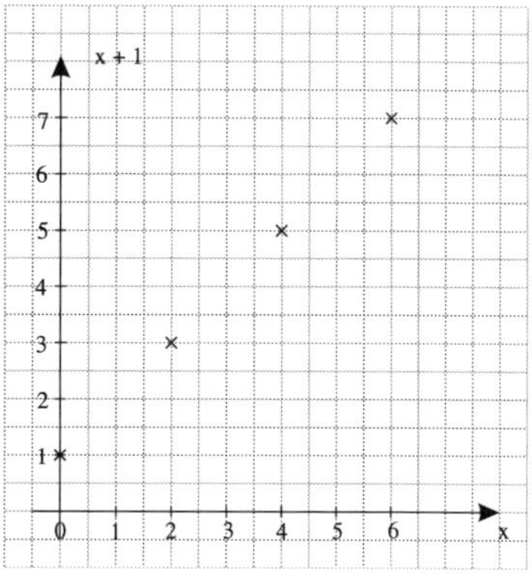

b) $x \mapsto 2 \cdot x - 1$

$1 \mapsto 1$
$3 \mapsto 5$
$5 \mapsto 9$
$7 \mapsto 13$

Paarmenge: $\{(1 \mid 1), (3 \mid 5), (5 \mid 9), (7 \mid 13)\}$

Pfeildiagramm:

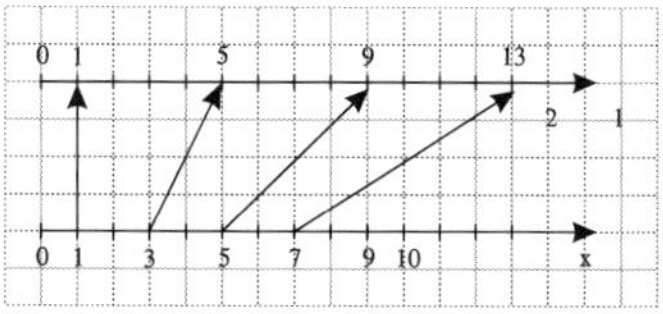

Gitternetz:

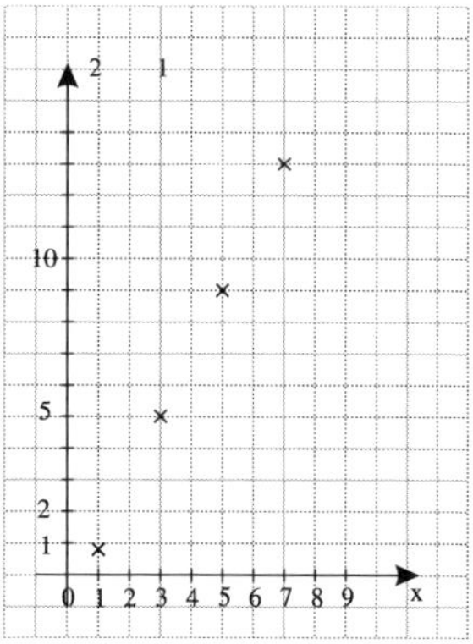

c) $x \mapsto 5 - x$

$0 \mapsto 5$
$1 \mapsto 4$
$2 \mapsto 3$
$3 \mapsto 2$
$4 \mapsto 1$
$5 \mapsto 0$

Paarmenge: $\{(1 \mid 1), (3 \mid 5), (5 \mid 9), (7 \mid 13)\}$

Pfeildiagramm:

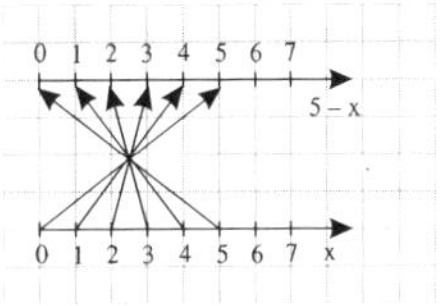

Gitternetz:

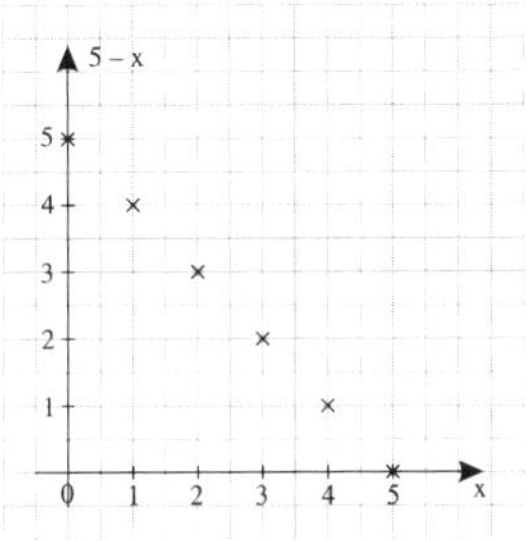

88. a) Zuordnungsvorschrift:

$x \mapsto x + 3 \qquad x \in \{1; 2; 4; 6\}$

Gitternetz:

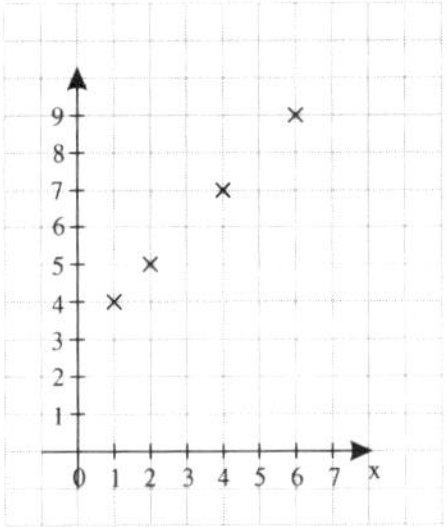

b) Zuordnungsvorschrift:

$x \mapsto 10 - 2 \cdot x \qquad x \in \{1; 2; 3; 4; 5\}$

Gitternetz:

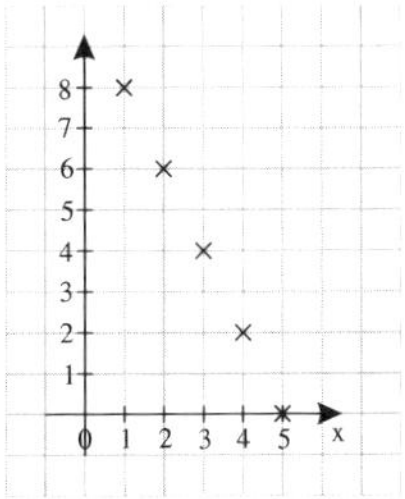

89. $m = \frac{900\text{ km}}{2\text{ h}} = 450\frac{\text{km}}{\text{h}} = \frac{450}{60}\frac{\text{km}}{\text{min}} = 7{,}5\frac{\text{km}}{\text{min}}$

In 20 min : 1. Weg = 7,5 · 20 km = 150 km

In 1 h 25 min = 85 min : 2. Weg = 7,5 · 85 km = 637,5 km

90. Die Zuordnungsvorschrift lautet: $x \mapsto m \cdot x$

a) $m = \frac{12}{2} = 6$ $\qquad \frac{9}{a} = 6 \Rightarrow a = \frac{9}{6} = 1{,}5$

b) $m = \frac{2}{8} = \frac{1}{4}$ $\qquad \frac{6}{12} = \frac{1}{4} \Rightarrow b = 3$

c) $m = \frac{3}{3} = 1$ $\qquad \frac{7}{c} = 1 \Rightarrow c = 7$

d) $m = \frac{2{,}4}{4} = 0{,}6$ $\qquad \frac{d}{7{,}5} = 0{,}6 \Rightarrow d = 0{,}6 \cdot 7{,}5 = 4{,}5$

91. Dreisatz:

6 Formteile in	39 min
1 Formteil in	39 min : 6 = 6,5 min
22 Formteile in	6,5 min · 22 = 143 min = 2 h 23 min

quotientengleiche Größenpaare:

$\frac{39\text{ min}}{6} = \frac{x}{22} \Rightarrow x = \frac{39\text{ min}}{6} \cdot 22 = 143\text{ min} = 2\text{ h } 23\text{ min}$

92. Mehrgewinn: 5 670 DM – 5 130 DM = 540 DM Mehreinsatz: 6 000 DM

540 DM entsprechen Einsatz von 6 000 DM Kapital

1 DM entspricht Einsatz von (6 000 : 540) DM

5 670 DM entsprechen Einsatz von $\frac{6\,000}{540}$ DM · 5 670 = 63 000 DM.

A hat eine Kapitalanlage von 63 000 DM, B eine von 57 000 DM.

93. Lösung mit Hilfe quotientengleicher Größenpaare

$$\frac{78\,848\text{ DM}}{28 \cdot 16} = \frac{x}{24 \cdot 18}$$

$$x = \frac{78\,848\text{ DM} \cdot 24 \cdot 18}{28 \cdot 16} = 76\,032\text{ DM}$$

Die Bruttolohnsumme beträgt 76 032 DM.

Dreisatz:

16 · 28 "Arbeitstage" kosten 78 848 DM

1 "Arbeitstag" kostet 78 484 DM : (16 · 28)

18 · 24 "Arbeitstage" kosten $\frac{78\,848\text{ DM} \cdot 18 \cdot 24}{16 \cdot 28} = 760\;32\text{ DM}$

94. Dreisatz:

8 · 6 "Maschinenstunden" für 1 968 kg Wäsche

1 "Maschinenstunde" für $\frac{1968}{8 \cdot 6}$ kg Wäsche

12 · 8 "Maschinenstunden" für $\frac{1968 \cdot 12 \cdot 8}{8 \cdot 6} = 3936$ kg

3 936 kg Wäsche können gewaschen werden.

quotientengleiche Größenpaare:

$$\frac{1968\text{ kg}}{8 \cdot 6} = \frac{x}{12 \cdot 8} \Rightarrow x = \frac{1968\text{ kg} \cdot 12 \cdot 8}{8 \cdot 6} = 3936\text{ kg}$$

95. Quotientengleiche Größenpaare:

$$\frac{12 \cdot 7\text{ h}}{588} = \frac{5 \cdot x}{210} \Rightarrow 5 \cdot x = \frac{12 \cdot 7\text{ h} \cdot 210}{588}$$

$$x = \frac{12 \cdot 7\text{ h} \cdot 210}{588 \cdot 5} = 6\text{ h}$$

Sie benötigen 6 h.

Dreisatz:

588 hl in 7 · 12 = 84 "Pumpenstunden"

1 hl in $\frac{7 \cdot 12}{588}$ "Pumpenstunden"

210 hl in $\frac{7 \cdot 12 \cdot 210}{588} = 30$ "Pumpenstunden"

Bei 5 gleichartigen Pumpen muß jede Pumpe 30 : 5 = 6 h laufen.

96. Da die Rechtecke alle fächergleich sein sollen, gilt für die gemeinsame Fläche $A = \ell \cdot b = 9 \cdot 4\ m^2 = 36\ m^2$. Die Zuordnung lautet folglich:

$$x \mapsto \frac{36}{x} \quad \ell = 3\ m \quad b = \frac{36}{3}\ m = 12\ m$$

$$\ell = 6\ m \quad b = \frac{36}{6}\ m = 6\ m$$

$$\ell = 12\ m \quad b = \frac{36}{12}\ m = 3\ m$$

$$\ell = 18\ m \quad b = \frac{36}{18}\ m = 2\ m$$

97. Produktgleiche Größenpaare:

$$270 \cdot 15\ \text{Tage} = 450 \cdot x \Rightarrow x = \frac{270 \cdot 15}{450}\ \text{Tage} = 9\ \text{Tage}$$

Das Futter reicht 9 Tage.

Dreisatz:

270 Schweine	reichen mit dem Futter	15 Tage
1 Schwein	reicht mit dem Futter	15 Tage · 270
450 Schweine	reichen mit dem Futter	$\frac{15\ \text{Tage} \cdot 270}{450} = 9\ \text{Tage}$

98. Die gesamte Arbeit würde insgesamt $40 \cdot 18 = 720$ "Arbeitstage" dauern. Nach 10 Tagen würden noch $30 \cdot 18 = 540$ "Arbeitstage" benötigt. Jetzt arbeiten aber nur noch 15 Arbeiter und Arbeiterinnen, die diese 540 "Arbeitstage" aufbringen müssen.

$540 = 15 \cdot x \Rightarrow x = 540 : 15 = 36$ Tage

Die Arbeit dauert statt 30 noch 36 Tage.

99. Die Strecke bleibt konstant.

$$25 \cdot 64\ s = 32 \cdot x \Rightarrow x = \frac{25 \cdot 64\ s}{32} = 50\ s$$

Das Auto benötigt jetzt 50 s.

100. Der Heizölvorrat bleibt konstant.

$18 \cdot 200 \text{ Tage} = 24 \cdot x \Rightarrow x = \frac{18 \cdot 200}{24} \text{Tage} = 150 \text{ Tage}$

Der Heizölvorrat reicht 150 Tage.

101. Dreisatz:

$1\,500\, h\ell$ in $2 \cdot 9 = 18$ "Zuflußminuten"

$1\, h\ell$ in $\frac{18}{1500}$ "Zuflußminuten"

$1\,200\, h\ell$ in $\frac{18 \cdot 1200}{1\,500}$ "Zuflußminuten" = 14,4 Zuflußminuten.

Da es sich um 3 Zuflüsse handelt, werden nur 14,4 min : 3 = 4,8 min = 4 min 48 s benötigt.

102. Es bleibt der Trinkwasservorrat von 15 · 42 = 630 "Personentage" konstant.

a) $630 \text{ Tage} = 9 \cdot x \Rightarrow x = \frac{630}{9} \text{ Tage} = 70 \text{ Tage}$

Für 9 Personen reicht der Vorrat 70 Tage.

b) $630 \text{ Personen} = 90 \cdot x \Rightarrow x = \frac{630}{70} \text{ Personen} = 7 \text{ Personen}$

Der Vorrat reicht für 7 Personen.

c) Nach 30 Tagen reicht der Trinkwassservorrat 15 · 42 – 15 · 30 = 180 "Personentage"

180 Tage : 20 = 9 Tage

Der Vorrat reicht jetzt insgesamt 39 Tage.

103. a) $582\,\ell$ in $8\frac{3}{4}$ min = 525 s

$1\,\ell$ in $\frac{525 \text{ s}}{582}$

$97\,\ell$ in $\frac{525 \text{ s}}{582} \cdot 97 = 87{,}5 \text{ s}$

$97\,\ell$ sind in 87,5 s zugeflossen.

b) In 525 s fließen 582 ℓ zu

In 1 s fließen $\frac{582}{525}$ ℓ zu

In 7 s fließen $\frac{582\,\ell \cdot 7}{525} = 7{,}76\ \ell$ zu

Der Eimer faßt 7,76 ℓ.

104. $40 \cdot 4{,}5 = 180$ "Lampenstunden" kosten 81 DM
1 "Lampenstunde" kostet $\frac{81}{180}$ DM
$27 \cdot 4 = 108$ "Lampenstunden" kosten $\frac{81\ \text{DM} \cdot 108}{180} = 48{,}60$ DM
Der tägliche Verbrauch kostet 48,60 DM.

105. 45 min – 4 536 Teile – 8 Maschinen

1 min – $\frac{4\,536}{45}$ Teile – 8 Maschinen

1 min – $\frac{4\,536}{45 \cdot 8}$ Teile – 1 Maschine

35 min – $\underbrace{\frac{4\,536 \cdot 35}{45 \cdot 8}}_{441\ \text{Teile}}$ Teile – 1 Maschine

35 min – 5 292 Teile – 5 292 : 441 = 12 Maschinen
Es werden 12 Maschinen benötigt, d. h. 4 Maschinen zusätzlich.
oder

$$\frac{8 \cdot 45}{4\,536} = \frac{x \cdot 35}{5\,292} \Rightarrow x = \frac{8 \cdot 45 \cdot 5\,292}{4\,536 \cdot 35} = 12$$

106. Es werden insgesamt $5 \cdot 14 = 70$ "Arbeitstage" benötigt. Nach zwei Tagen werden noch $5 \cdot 12 = 60$ "Arbeitstage" benötigt. Die Arbeit darf aber nur noch 10 Tage dauern: $60 = 10 \cdot x \Rightarrow x = 6$
Man benötigt für die restliche Arbeit 6 Arbeiter, so daß ein Arbeiter neu eingestellt werden muß.

107. Man benötigt für die gesamte Arbeit 18 · 9 · 8 "Arbeiterstunden". Nach 6 Tagen sind noch 12 · 9 · 8 "Arbeitsstunden" nötig. Die restlichen 6 Arbeiterinnen bringen täglich 6 · 9 = 54 Arbeiterstunden ein. Es muß folglich für die Anzahl x der Arbeiterinnen gelten:

$$12 \cdot 9 \cdot 8 = 6 \cdot 9 \cdot x \Rightarrow x = \frac{12 \cdot 9 \cdot 8}{6 \cdot 9} = 16 \text{ Tage}$$

Die Arbeit dauert noch 16 Tage, d. h. insgesamt 16 + 6 = 22 Tage.

108. a) (1) $4\ m^3\ \ 3\ cm^3\ \ 16\ mm^3 = 4\,000\,003\,016\ mm^3$
(2) $12\ dm^3\ \ 11\ cm^3\ \ 8\ mm^3 = 12\,011\,008\ mm^3$
(3) $8\ m^3\ \ 3\ \ell = 8\ m^3\ \ 3\ dm^3 = 8\,003\ dm^3 = 8\,003\ \ell$

b) (1) $8\,114\,003\ m^3 = 8\ dm^3\ \ 114\ cm^3\ \ 3\ mm^3$
(2) $1\,234\,567\,890\ cm^3 = 1\,234\ m^3\ \ 567\ dm^3\ \ 890\ cm^3$
(3) $18\ h\ell\ \ 450\ cm^3 = 1\,800\ \ell\ \ 450\ cm^3 = 1\,800\ dm^3\ \ 450\ cm^3 =$
$= 1\ m^3\ \ 800\ dm^3\ \ 450\ cm^3$

c) (1) $12\ m^3\ \ 1\ cm^3 = 12{,}000001\ m^3$
(2) $1\ m^3\ \ 11\ dm^3\ \ 111\ cm^3 = 1\,011{,}111\ dm^3$
(3) $5\ dm^3\ \ 16\ cm^3 = 0{,}005016\ m^3$

109. a) $43{,}4291\ dm^3 - 18{,}32\ dm^3 = 43{,}4291\ dm^3 - 18{,}3200\ dm^3 =$
$= 25{,}1091\ dm^3$

b) $3\frac{2}{9}\,dm^3 \cdot 27 + 4\frac{2}{3}\,dm^3 \cdot 9 = \frac{29}{9} \cdot 27\,dm^3 + \frac{14}{3} \cdot 9\ dm^3 =$
$= 87\,dm^3 + 42\ dm^3 = 129\ dm^3$

c) $8{,}4\ dm^3 + 2\ h\ell - 1{,}4\ \ell = 8{,}4\ dm^3 + 200\ dm^3 - 1{,}4\ dm^3 = 207\ dm^3$

d) $88\ dm^3\ \ 235\ cm^3 - 83\ dm^3\ \ 986\ cm^3 =$
$= 87\ dm^3\ \ 1\,235\ cm^3 - 83\ dm^3\ \ 986\ cm^3 = 4\ dm^3\ \ 249\ cm^3$
oder:
$88{,}235\ dm^3 - 83{,}986\ dm^3 = 4{,}249\ dm^3$

e) $1\ m^3\ \ 495\ dm^3\ \ 66\ cm^3 : 346 =$
$1\,495\,066\ cm^3 : 346 = 4\,321\ cm^3$

f) $523{,}08\ h\ell : 7{,}2\ cm^3 =$
$= 52\,308\ dm^3 : 7{,}2\ cm^3 =$
$= 5\,230\,800\ cm^3 : 7{,}2\ cm^3 = 7\,265\,000$

110. $V = a \cdot b \cdot c$: Es wird in m bzw. m^3 gerechnet.

$$1\frac{1}{7} \cdot \frac{3}{7} \cdot c = 6\frac{6}{7}$$

$$\frac{8}{7} \cdot \frac{3}{7} \cdot c = \frac{48}{7}$$

$$\frac{24}{49} \cdot c = \frac{48}{7}$$

$$c = \frac{48}{7} : \frac{24}{49}$$

$$c = \frac{48 \cdot 49}{7 \cdot 24} = 14$$

Die dritte Seite ist 14 m lang.

111. $V = 0{,}8 \cdot 0{,}5 \cdot 1{,}6\ m^3 = 0{,}64\ m^3 = 640\ dm^3 = 640\,000\ cm^3$
Gewicht = 640 000 · 0,015 g = 9 600 g = 9 kg 600 g.

112. Das Volumen setzt sich aus drei Quadern zusammen.
$V = 2 \cdot 2 \cdot 2{,}5\ cm^3 + 5 \cdot 4 \cdot 0{,}5\ cm^3 + 2 \cdot 2 \cdot 2{,}5\ cm^3 =$
$= 10\ cm^3 + 10\ cm^3 + 10\ cm^3 = 30\ cm^3$

Oberfläche:
oberer Quader:
$2 \cdot 2{,}5\ cm^2 \cdot 4 + 2 \cdot 2\ cm^2 = 20\ cm^2 + 4\ cm^2 = 24\ cm^2$
mittlerer Quader:
$(4 \cdot 5\ cm^2 - 2 \cdot 2\ cm) \cdot 2 + 4 \cdot 0{,}5\ cm^2 \cdot 2 + 5 \cdot 0{,}5\ cm^2 \cdot 2 =$
$= 32\ cm^2 + 4\ cm^2 + 5\ cm^2 = 41\ cm^2$
unterer Quader = oberer Quader
$O = 24\ cm^2 + 41\ cm^2 + 24\ cm^2 = 89\ cm^2$

113. a) $V = a \cdot b \cdot c$
$V = 12{,}5 \cdot 6{,}25 \cdot 1{,}2\ m^3 = 93{,}75\ m^3$
Im Becken sind $93{,}75\ m^3$ Wasser.

b) $93{,}75\ m^3 = 93\,750\ dm^3 = 93\,750\ \ell$; $2\frac{1}{2}\ h\ell = 250\ \ell$

93 750 : 250 = 375 min
Das Abschließen des Wassers dauert 375 min = 6 h 15 min.

114. $V = 24 \cdot 24 \cdot 260\ cm^3 - 167\ cm^3 = 149\,760\ cm^3 - 167\ cm^3 = 149\,593\ cm^3$
Gewicht $= 149\,593 \cdot 0{,}87\ g = 13\,0145{,}91\ g = 0{,}13014591\ t \approx 0{,}130\ t$

115. a) Fläche $= 12 \cdot 4{,}5\ m^2 + 2 \cdot 12 \cdot 1{,}8\ m^2 + 2 \cdot 4{,}5 \cdot 1{,}8\ m^2 =$
$= 54\ m^2 + 43{,}2\ m^2 + 16{,}2\ m^2 = 113{,}4\ m^2$,
weil nur eine Fläche aus Länge und Breite gestrichen wird.
Eine Fläche von 133,4 m^2 muß gestrichen werden.

b) Mit einer 2,5 kg Dose kann man $2{,}5 \cdot 4{,}5\ m^2 = 11{,}25\ m^2$ streichen.
$113{,}4 : 11{,}25 = 10{,}08 \Rightarrow$ man benötigt 11 Dosen.

116. a) Wasservolumen $= 13 \cdot 6 \cdot 2\ dm^3 = 156\ dm^3 = 156\ \ell$
156 ℓ Wasser wiegen 156 kg.
Gesamtgewicht: 150 kg + 156 kg = 306 kg.

b) Gewicht des Wasser = 189 kg – 150 kg = 39 kg
39 kg entsprechen 39 dm^3 Wasserinhalt.
$13 \cdot 6 \cdot h = 39$

$$h = \frac{39}{78} dm = 0{,}5\ dm = 5\ cm$$

Das Wasser steht 5 cm hoch.

117. Man benötigt $1{,}25\ m \cdot 2 + (0{,}7\ m - 2 \cdot 7\ cm) \cdot 2 = 250\ cm + 112\ cm = 362$ cm
dieser quadratischen Leiste.
Volumen $= 7 \cdot 7 \cdot 362\ cm^3 = 17\,738\ cm^3$
Gewicht $= 17\,738 \cdot 0{,}9\ g = 15\,964{,}2\ g = 15{,}9642\ kg \approx 16{,}0\ kg$

118.

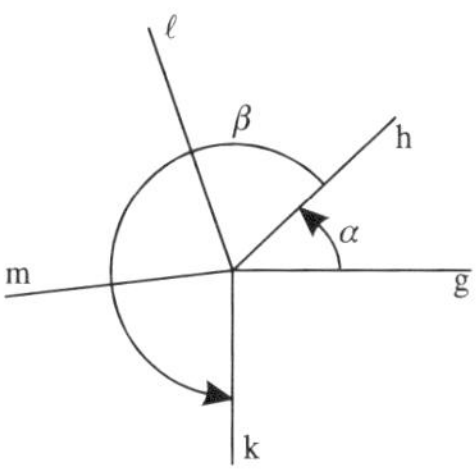

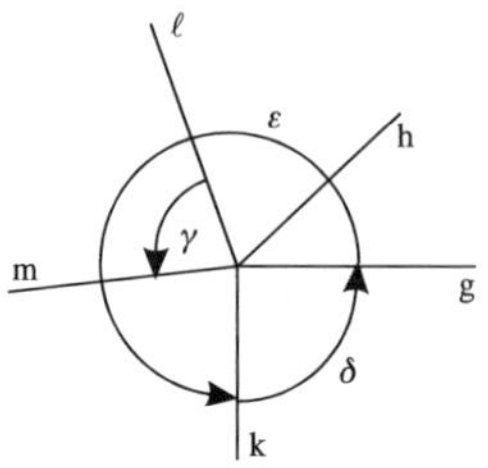

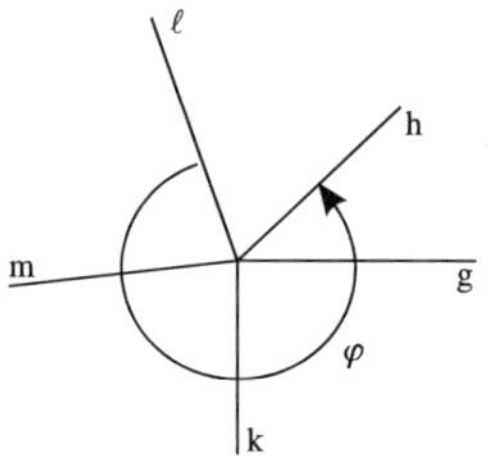

119. a) (1) 488' = 8° 8'
(2) 1 000' = 16° 40'
(3) 1° 792' = 1° + 13° 12' = 14° 12'

b) (1) 4 000" = 66' 40" = 1° 6' 40"
(2) 48' 1 500" = 48' + 25' = 73' = 1° 13'
(3) 7° 119' 395" = 7° + 1° 59' + 6' 35"
= 8° 65' 35" = 9° 5' 35"

c) (1) 162° 19' + 208° 48' = 370° 67' = 371° 7'
(2) 94° 6' 14" – 50° 18' 44" = 93° 66' 14" – 50° 18' 44" =
= 93° 65' 74" – 50° 18' 44" = 43° 47' 30"
(3) 12° – 11° 58' 59" = 11° 60' – 11° 58' 59" =
= 11° 59' 60" – 11° 58' 59" = 1' 1"

120. a) (1) großer Zeiger: $\alpha_1 = 0°$
kleiner Zeiger: $\alpha_2 = 1 \cdot 30° = 30°$
Die beiden Zeiger schließen einen Winkel von 30° ein.
(2) großer Zeiger: $\alpha_1 = 30 \cdot 6° = 180°$
kleiner Zeiger: $\alpha_2 = 3 \cdot 30° + 30 \cdot 0{,}5° = 90° + 15° = 105°$
Die beiden Zeiger schließen einen Winkel von $180° - 105° = 75°$ ein.
(3) großer Zeiger: $\alpha_1 = 20 \cdot 6° = 120°$
kleiner Zeiger: $\alpha_2 = 2 \cdot 30° + 20 \cdot 0{,}5° = 60° + 10° = 70°$
Die beiden Zeiger schließen einen Winkel von $120° - 70° = 50°$ ein.
(4) großer Zeiger: $\alpha_1 = 45 \cdot 6° = 270°$
kleiner Zeiger: $\alpha_2 = 6 \cdot 30° + 45 \cdot 0{,}5° = 180° + 22{,}5° = 202{,}5°$
Die beiden Zeiger schließen einen Winkel von $270° - 202{,}5° = 67{,}5°$ ein.

b) Man müßte feststellen:

$\alpha_1 = \alpha_3$	$\beta_1 = \beta_3$	$\gamma_1 = \gamma_3$
$\alpha_2 = \alpha_4$	$\beta_2 = \beta_4$	$\gamma_2 = \gamma_4$
$\alpha_1 + \alpha_2 = 180°$	$\beta_1 + \beta_2 = 180°$	$\gamma_1 + \gamma_2 = 180°$
$\alpha_1 + \alpha_4 = 180°$	$\beta_1 + \beta_4 = 180°$	$\gamma_1 + \gamma_4 = 180°$
$\alpha_3 + \alpha_2 = 180°$	$\beta_3 + \beta_2 = 180°$	$\gamma_3 + \gamma_2 = 180°$
$\alpha_3 + \alpha_4 = 180°$	$\beta_2 + \beta_4 = 180°$	$\gamma_2 + \gamma_4 = 180°$

$$\alpha_1 + \beta_1 + \gamma_1 = 180°$$

c) Man stellt fest:
$\alpha_1 = \alpha_2$
$\alpha_1 + \delta_2 = 180°$
$\beta_1 = \delta_2$

Lösungen der Prüfungsaufgaben

Aufgabe 1

1. a) Echte Brüche sind Brüche, bei denen der Zähler kleiner als der Nenner ist, gemischte Zahlen gehören nicht dazu:

Echte Brüche: $\left\{\frac{2}{3}; \frac{1}{7}; \frac{2}{9}; \frac{1}{11}\right\}$.

b) Stammbrüche sind echte Brüche mit dem Zähler 1, also:

$\left\{\frac{1}{7}; \frac{1}{11}\right\}$.

c) Bei unechten Brüchen sind die Zähler größer als die Nenner, also:

$\left\{\frac{9}{3}; \frac{6}{1}; \frac{6}{3}; \frac{7}{6}; \frac{9}{4}\right\}$.

d) Scheinbrüche stellen eine natürliche Zahl dar, also

$\left\{\frac{9}{3}; \frac{6}{1}; \frac{6}{3}\right\}$.

2. a) Die ursprüngliche Größe wird durch
3 kg · 8 = 24 kg berechnet.

b) Zu bestimmen ist der Anteil, den 75 min am Ganzen 60 min ausmacht:

$\frac{75 \text{ min}}{60 \text{ min}} = \frac{5}{4}$.

3. $\frac{7}{12}$ des Kuchens sind noch nicht verkauft und kosten 14 DM. Also $\frac{7}{12}$ entsprechen 14 DM.

$\frac{1}{12}$ kostet 14 DM : 7 = 2 DM

$\frac{12}{12}$ kosten 2 DM · 12 = 24 DM.

Der ganze Kuchen kostete 24 DM.

4. a) $\frac{351}{585} \underset{9}{=} \frac{39}{65} \underset{13}{=} \frac{3}{5}$

b) $\frac{85 \cdot 24 \cdot 55 \cdot 26}{25 \cdot 132 \cdot 68 \cdot 13} = \frac{17 \cdot 6 \cdot 5 \cdot 2}{5 \cdot 12 \cdot 7 \cdot 1} = \frac{2}{2} = 1$

c) $150 : 8 = 18\frac{6}{8} = 18\frac{3}{4}$

d) Die Brüche müssen zunächst gleichnamig sein

$1\frac{7}{8} = 1\frac{21}{24}$; $\frac{19}{12} = 1\frac{7}{12} = 1\frac{14}{24}$; $\frac{11}{6} = 1\frac{5}{6} = 1\frac{20}{24}$

$\Rightarrow \frac{19}{12} < \frac{11}{6} < 1\frac{7}{8}$

Da die Längeneinheit 3 cm ist, entspricht $\frac{1}{12}$ Längeneinheit $\frac{3}{12}$ cm $= \frac{1}{4}$ cm:

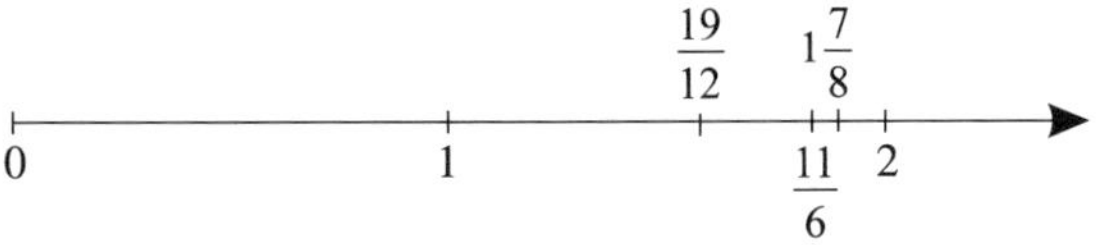

5. a) Der Hauptnenner ist 54.

$8\frac{2}{3} + \frac{4}{27} + 2\frac{5}{6} = 8\frac{36}{54} + \frac{8}{54} + 2\frac{45}{54} = 10\frac{89}{54} = 11\frac{35}{54}$

b) Der Hauptnenner ist 20.

$\frac{2}{5}\text{ kg} + \frac{3}{4}\text{ kg} + \frac{3}{10}\text{ kg} = \frac{8}{20}\text{ kg} + \frac{15}{20}\text{ kg} + \frac{6}{20}\text{ kg} = \frac{29}{20}\text{ kg} = 1\frac{9}{20}\text{ kg}$

6. Gesamtzahl aller Abgeordneten: 127 + 58 + 7 + 12 = 204.

Anteil der CSU an der Gesamtzahl: $\frac{127}{204}$.

Anteil der Grünen an der Gesamtzahl: $\frac{12}{204} = \frac{3}{51} = \frac{1}{17}$.

Aufgabe 2

1. a) $\frac{104}{16} = 6\frac{8}{16} = 6\frac{1}{2}$

b) $23\frac{4}{5} = \frac{23 \cdot 5 + 4}{5} = \frac{119}{5}$

2. a) $\frac{180}{315} \underset{45}{=} \frac{4}{7}$

b) $\frac{72}{120} \underset{6}{=} \frac{12}{20} \underset{4}{=} \frac{3}{5}$

3. a) Zunächst ist der Hauptnenner zu bestimmen. Man erhält ihn, indem man den größten Nenner oder Vielfache davon untersucht, ob alle anderen Nenner Teiler davon sind, d. h. man bestimmt das kgV aller Nenner.

$\Rightarrow$ HN $= 14 \cdot 4 = 56$

$\Rightarrow \frac{5}{8} = \frac{35}{56}$; $\frac{3}{7} = \frac{24}{56}$; $\frac{9}{14} = \frac{36}{56}$; $\frac{3}{4} = \frac{42}{56}$

$\Rightarrow \frac{3}{7} < \frac{5}{8} < \frac{9}{14} < \frac{3}{4}$

b) Da 1 LE 3 cm ist, entspricht $\frac{1}{2}$ cm der Zahl $\frac{1}{6}$. $\Rightarrow$

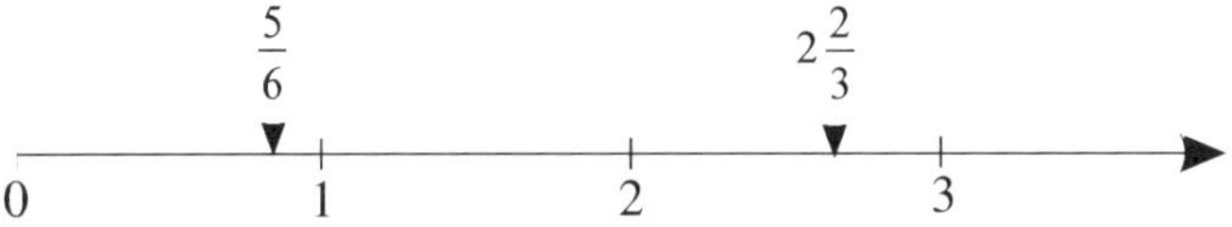

c) Es muß so erweitert werden, daß vier weitere Zahlen enthalten sind, z. B.

$2\frac{3}{4} = 2\frac{75}{100}$; $2\frac{4}{5} = 2\frac{80}{100}$

$\Rightarrow$ weitere Zahlen: $2\frac{76}{100}$; $2\frac{77}{100}$; $2\frac{78}{100}$; $2\frac{79}{100}$.

4. a) $\frac{0}{17} = 0$ b) $\frac{119}{119} = 1$

c) $\frac{300}{75} = 4$ d) $\frac{3}{7} > \frac{3}{8}$

e) $\frac{3}{9} < \frac{4}{9}$

Bei d und e sind auch andere Einsetzungen möglich.

5. $\text{Durchschnittsnote} = \frac{\text{Summe aller Noten}}{\text{Anzahl aller Schüler}} =$

$= (1 \cdot 6 + 2 \cdot 10 + 3 \cdot 16 + 4 \cdot 9 + 5 \cdot 4 + 6 \cdot 1) : (6 + 10 + 16 + 9 + 4 + 1) =$

$= 136 : 46 = 2\frac{44}{46} = 2\frac{22}{23}$

6. a) Zunächst muß in eine gemeinsame Einheit umgewandelt werden.

$2\frac{1}{5}\text{ kg} + \frac{150}{1000}\text{ kg} + \frac{3}{4}\text{ kg} =$

$= 2\frac{4}{20}\text{ kg} + \frac{3}{20}\text{ kg} + \frac{15}{20}\text{ kg} = 2\frac{22}{20}\text{ kg} =$

$= 3\frac{2}{20}\text{ kg} = 3\frac{1}{10}\text{ kg}$

b) Alle Brüche müssen auf den HN = 6 gebracht werden:

$2\frac{3}{6} + \frac{2}{6} + \frac{1}{6} + 1\frac{3}{6} + \frac{3}{6} = 3\frac{12}{6} = 5$

c) Es kann wie angegeben gerechnet werden, oder geschickter nach Anwendung von Assoziativ- und Kommutativgesetz:

$\left(7\frac{4}{5} + \frac{9}{8}\right) + \left(4\frac{1}{5} + 8\frac{3}{8}\right) = \left(7\frac{32}{40} + 1\frac{5}{40}\right) + \left(4\frac{8}{40} + 8\frac{15}{40}\right) =$

$= 8\frac{37}{40} + 12\frac{23}{40} = 20\frac{60}{40} = 21\frac{1}{2}$

oder

$\left(7\frac{4}{5} + 4\frac{1}{5}\right) + \left(1\frac{1}{8} + 8\frac{3}{8}\right) = 12 + 9\frac{1}{2} = 21\frac{1}{2}$

Aufgabe 3

1. a) (1) $\frac{43}{6} = 7\frac{1}{6}$

(2) $230 : 17 = 13\frac{9}{17}$

b) $2\frac{5}{6} = \frac{2 \cdot 6 + 5}{6} = \frac{17}{6}$

2. a) Der Anteil ist $\frac{50\ \text{g}}{1\ \text{kg}} = \frac{50\ \text{g}}{1000\ \text{g}} = \frac{1}{20}$

b) Gesucht ist der Bruchteil:
$\frac{4}{3}$ von 12 km $= \frac{4}{3} \cdot 12\ \text{km} = 16\ \text{km}$.

c) Aus Bruchteil und Anteil ist das Ganze zu berechnen. Von $\frac{3}{8}$ wird auf $\frac{1}{8}$ und dann auf $8 \cdot \frac{1}{8} = 1$ geschlossen:
$\frac{240\ \text{Pf}}{3} \cdot 8 = 640\ \text{Pf} = 6\ \text{DM}\ \ 40\ \text{Pf}$.

3. a) Zu erkennen ist, daß aus der Längeneinheit 5 cm folgt, daß 1 Kästchen der Zahl $\frac{1}{10}$ entspricht.
$\Rightarrow a = \frac{4}{10} = \frac{2}{5}$; $b = 1\frac{7}{10}$; $c = 2\frac{2}{10} = 2\frac{1}{5}$.

b) Wie in a entspricht 1 Kästchen der Zahl $\frac{1}{10}$.
$\Rightarrow \frac{7}{5} = 1\frac{2}{5} = 1\frac{4}{10}$

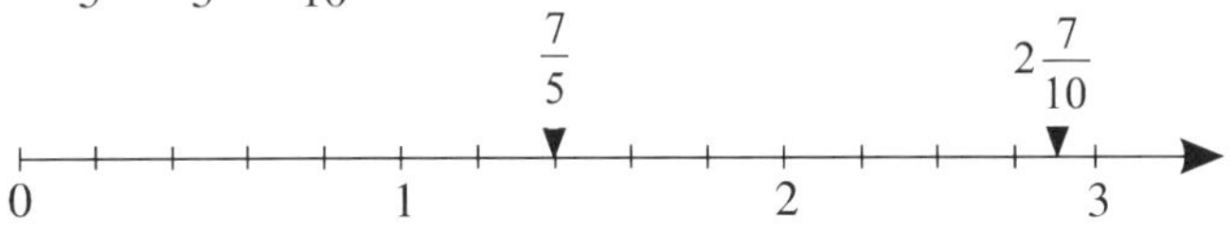

4. a) (1) $\frac{42}{70} \underset{7}{=} \frac{6}{10} \underset{2}{=} \frac{3}{5}$

(2) $\frac{68}{170} \underset{17}{=} \frac{4}{10} \underset{2}{=} \frac{2}{5}$

b) Der Hauptnenner (HN) aller 4 Brüche wird durch Probieren gefunden: Der größte Nenner oder seine Vielfachen werden untersucht, ob die anderen Nenner Teiler davon sind. Damit ergibt sich: HN = 30 · 2 = 60.

$\Rightarrow \frac{4}{5} = \frac{48}{60}; \ \frac{5}{6} = \frac{50}{60}; \ \frac{7}{12} = \frac{35}{60}; \ \frac{23}{30} = \frac{46}{60}$

$\Rightarrow \frac{7}{12} < \frac{23}{30} < \frac{4}{5} < \frac{5}{6}$

5. Anzahl aller Schüler in den 6. Klassen = 11 + 11 + 10 + 13 = 45.
Anzahl aller Mädchen in den 6. Klassen = 11 + 10 = 21

$\Rightarrow$ Anteil der Mädchen = $\frac{21}{45} = \frac{7}{15}$

6. $\frac{1}{3}$ des Pflockes über der Erde entsprechen 20 cm.
$\Rightarrow$ Länge des Pflockes über der Erde : 20 cm · 3 = 60 cm.
$\Rightarrow$ Gesamtlänge des Pflockes:
60 cm + 80 cm = 140 cm = 1 m 40 cm.

Aufgabe 4

1. a) Ein Bruch $\frac{Z}{N}$ heißt echter Bruch, wenn der Zähler kleiner als der Nenner ist, d. h. Z < N gilt.

b) Kürzen heißt, Zähler und Nenner durch die gleiche Zahl zu dividieren.

Mit Platzhaltern: $\frac{a}{b} = \frac{a:c}{b:c}$; $a \in \mathbb{N}_0$; $b, c \in \mathbb{N}$

2. a) $a : b = \frac{a}{b}$; $a \in \mathbb{N}_0$; $b \in \mathbb{N}$

b) (1) $\frac{10}{1} = 10$ (2) $\frac{0}{10} = 0$ (3) $\frac{10}{0}$ ist nicht definiert.

3. a) $\frac{7}{15} \cdot x - 28 = 91$

$$\frac{7}{15} \cdot x = 91 + 28$$

$$\frac{7}{15} \cdot x = 119$$

$$\frac{1}{15} \cdot x = 119 : 7$$

$$\frac{1}{15} \cdot x = 17$$

$$x = 17 \cdot 15$$

$$x = 255 \qquad L = \{255\}$$

b) Die Anzahl der Schülerinnen und Schüler sei x.

$$\frac{3}{40} \cdot x = 45$$

$$\frac{1}{40} \cdot x = 45 : 3$$

$$\frac{1}{40} \cdot x = 15$$

$$x = 15 \cdot 40$$

$$x = 600$$

Die Schule hatte 600 Schülerinnen und Schüler.

4. a) $\frac{65 \cdot 42 \cdot 112}{64 \cdot 98 \cdot 39} \underset{(13 \cdot 14 \cdot 2)}{=} \frac{5 \cdot 21 \cdot 8}{32 \cdot 7 \cdot 3} \underset{(8 \cdot 3 \cdot 7)}{=} \frac{5 \cdot 1 \cdot 1}{4 \cdot 1 \cdot 1} = \frac{5}{4} = 1\frac{1}{4}$

b) Gesamtschülerzahl = 20 + 13 = 33

Jungen: $\frac{20}{33}$

katholisch: $\frac{9}{33} = \frac{3}{11}$

5. a) Gemeinsamer Nenner 48:

$$\frac{1}{3}=\frac{16}{48}$$

$$\frac{3}{8}=\frac{18}{48}$$

$$\frac{5}{16}=\frac{15}{48}$$

$$\frac{7}{24}=\frac{14}{48}$$

$$\Rightarrow \frac{7}{24}<\frac{5}{16}<\frac{1}{3}<\frac{3}{8}$$

b) $\frac{81}{101} \approx \frac{80}{100} = \frac{4}{5}$

6. a) $\frac{2 \cdot x}{21} = \frac{4}{7} = \frac{12}{21}$ $\Rightarrow$ Wenn die Nenner gleich sind, dann müssen auch die Zähler gleich sein.
$2 \cdot x = 12 \Rightarrow x = 6 \Rightarrow L = \{6\}$

b) $\left(\frac{5}{7}\cdot x\right)^2 = 100$

$\frac{5}{7}\cdot x = 10$, da diejenige Zahl, die mit sich selbst malgenommen 100 ergibt, 10 ist.

$\frac{1}{7}\cdot x = 2$

$x = 14 \quad \Rightarrow \quad L = \{14\}$

Aufgabe 5

1. a) Ein Bruch $\frac{Z}{N}$ heißt Scheinbruch, wenn der Zähler ein Vielfaches des Nenners ist, d. h. eine natürliche Zahl darstellt.
Es gilt $N \mid Z$ oder $Z = n \cdot N$.

b) Erweitern heißt, Zähler und Nenner mit derselben (von 0 verschiedenen) Zahl zu multiplizieren.

Mit Platzhaltern: $\frac{a}{b} = \frac{a \cdot c}{b \cdot c}$; $a \in \mathbb{N}_0$; $b, c \in \mathbb{N}$.

2. a) (1) $\frac{126}{25} = 5\frac{1}{25}$

(2) $\frac{726}{43} = 16\frac{38}{43}$

NR: $726 : 43 = 16\frac{38}{43}$

$$\begin{array}{l} \underline{43} \\ 296 \\ \underline{258} \\ \ \ 38 \end{array}$$

(3) $11\frac{1}{11} = \frac{122}{11}$

(4) $7\frac{11}{17} = \frac{130}{17}$

b) (1) $\frac{a}{1} = a$ (2) $\frac{0}{a} = 0$ (3) $\frac{a}{0}$ ist nicht definiert.

3. a) $\frac{5}{7} \cdot x + 13 = 88$

$$\frac{5}{7} \cdot x = 88 - 13$$

$$\frac{5}{7} \cdot x = 75$$

$$\frac{1}{7} \cdot x = 75 : 5$$

$$\frac{1}{7} \cdot x = 15$$

$$x = 15 \cdot 7$$

$$x = 105$$

$L = \{105\}$

b) Die Länge des Pfahles sei x cm.

$$\frac{5}{8} \cdot x = 1{,}35 \text{ cm}$$

$$\frac{1}{8} \cdot x = 1{,}35 \text{ cm} : 5$$

$$\frac{1}{8} \cdot x = 27 \text{ cm}$$

$$x = 27 \text{ cm} \cdot 8$$

$$x = 216 \text{ cm}$$

Der Pfahl ist 2,16 m lang.

4. a) $\frac{36 \cdot 56 \cdot 95}{133 \cdot 80 \cdot 54} \underset{(18 \cdot 19 \cdot 8)}{=} \frac{2 \cdot 7 \cdot 5}{7 \cdot 10 \cdot 3} \underset{(2 \cdot 5 \cdot 7)}{=} \frac{1 \cdot 1 \cdot 1}{1 \cdot 1 \cdot 3} = \frac{1}{3}$

b) C erhält 480 DM – (144 DM + 96 DM) = 480 DM – 240 DM = 240 DM

Bruchteile:

A: $\frac{144}{480} = \frac{3}{10}$

B: $\frac{96}{480} = \frac{1}{5}$

C: $\frac{240}{480} = \frac{1}{2}$

5. a) Hauptnenner: HN = 36

$\frac{5}{18} = \frac{10}{36}$

$\frac{1}{4} = \frac{9}{36}$

$\frac{4}{12} = \frac{12}{36}$

$\frac{2}{9} = \frac{8}{36}$

$$\Rightarrow \frac{2}{9} < \frac{1}{4} < \frac{5}{18} < \frac{4}{12}$$

b) $\frac{26}{99} \approx \frac{25}{100} = \frac{1}{4}$

c) $\frac{5}{13} > \frac{5}{14}$, weil bei gleichem Zähler der Nenner 13 der kleinere ist.

$\frac{13}{17} < \frac{14}{17}$, weil bei gleichem Nenner der Zähler 13 der kleinere ist.

$\frac{13}{15} = \frac{104}{120}$; $\frac{7}{8} = \frac{105}{120} \Rightarrow \frac{13}{15} < \frac{7}{8}$

$8\frac{1}{5} = 8\frac{4}{20}$; $7\frac{5}{4} = 8\frac{1}{4} = 8\frac{5}{20} \Rightarrow 8\frac{1}{5} < 7\frac{5}{4}$

6. a) $\frac{8+x}{30} = \frac{3}{5} = \frac{18}{30} \Rightarrow$ Bei gleichen Nennern müssen auch die Zähler gleich sein.

$8 + x = 18 \Rightarrow x = 10 \Rightarrow L = \{10\}$

b) $\left(\frac{3}{5} \cdot x\right)^2 - 2 = 79$

$\left(\frac{3}{5} \cdot x\right)^2 = 79 + 2$

$\left(\frac{3}{5} \cdot x\right)^2 = 81$

$\frac{3}{5} \cdot x = 9$, da diejenige Zahl, die mit sich selbst malgenommen 81 ergibt, 9 ist.

$\frac{1}{5} \cdot x = 9 : 3$

$\frac{1}{5} \cdot x = 3$

$x = 3 \cdot 5$

$x = 15 \Rightarrow L = \{15\}$

Aufgabe 6

1. a) $\left(\frac{5}{8}\cdot x\right)^2 = 225$

$\frac{5}{8}\cdot x = 15$, weil $15^2 = 225$

$\frac{1}{8}\cdot x = 15 : 5 = 3$

$x = 3\cdot 8 = 24$

Die Zahl heißt 24.

b) $\left(x - \frac{1}{6}\cdot x - \frac{1}{6}\cdot x\right)^2 = 64$

$\left(\frac{4}{6}\cdot x\right)^2 = 64$

$\frac{4}{6}\cdot x = 8$, weil $8^2 = 64$

$\frac{1}{6}\cdot x = 8 : 4 = 2$

$x = 2\cdot 6 = 12$

Die Strecke war 12 cm lang.

2. $\frac{85\cdot 24\cdot 55\cdot 26}{13\cdot 68\cdot 132\cdot 25} \underset{(17\cdot 13\cdot 12\cdot 5)}{=} \frac{5\cdot 2\cdot 11\cdot 2}{1\cdot 4\cdot 11\cdot 5} \underset{(5\cdot 11\cdot 2\cdot 2)}{=} \frac{1\cdot 1\cdot 1\cdot 1}{1\cdot 1\cdot 1\cdot 1} = 1$

3. Da $\frac{4}{7} < \frac{4}{5}$ und $\frac{5}{9} < \frac{8}{9}$ gilt, braucht man für das kleinste Element nur noch $\frac{4}{7}$ und $\frac{5}{9}$ zu untersuchen.

$\frac{4}{7} = \frac{36}{63}$

$\frac{5}{9} = \frac{35}{63}$

$\Rightarrow \frac{5}{9}$ ist das kleinste Element der Menge.

4. a) $\frac{a}{b} = \frac{a : c}{b : c}$; $a \in \mathbb{N}_0$; $b, c \in \mathbb{N}$

b) $\frac{a}{b} < \frac{a}{c}$, wenn $b > c$ gilt, denn von zwei Brüchen mit gleichen Zähler ist derjenige der kleinere, der den größeren Nenner besitzt.

5. a) $3\frac{13}{18} - \frac{4}{27} = 3\frac{39}{54} - \frac{8}{54} = 3\frac{31}{54}$

b) $17\frac{14}{33} + \frac{4}{77} + 3\frac{19}{33} = 17\frac{14}{33} + 3\frac{19}{33} + \frac{4}{77} = 20\frac{33}{33} + \frac{4}{77} = 21 + \frac{4}{77} = 21\frac{4}{77}$

6. Beachte: $\frac{3}{5}x = \frac{3}{5} \cdot x$!

a)
$$x - \frac{3}{5}x - \frac{1}{10}x = 21$$
$$\frac{10}{10}x - \frac{6}{10}x - \frac{1}{10}x = 21$$
$$\frac{3}{10}x = 21$$
$$\frac{1}{10}x = 21 : 3 = 7$$
$$x = 7 \cdot 10 = 70 \qquad L = \{70\}$$

b)
$$x + \frac{1}{2}x - \frac{5}{8}x = 0$$
$$\frac{8}{8}x + \frac{4}{8}x - \frac{5}{8}x = 0$$
$$\frac{7}{8} \cdot x = 0,$$
da der Wert eines Produktes nur dann 0 sein kann, wenn wenigstens ein Faktor 0 ist.
$$x = 0$$
$$L = \{0\}$$

c)
$$\frac{16 + x}{3} = \frac{108}{9} = \frac{36}{3}$$
$\Rightarrow\ 16 + x = 36$, da bei gleichen Nennern auch die Zähler gleich sein müssen.
$$x = 36 - 16$$
$$x = 20 \Rightarrow L = \{20\}$$

Aufgabe 7

1. Die Divisionen und Multiplikationen sollen möglichst durch Anwendung von Rechenvorteilen, Distributivgesetz der Division und Multiplikation bzw. erst kürzen, dann multiplizieren, gelöst werden.

$$8\frac{4}{7}:4+2\frac{1}{4}:3+5\cdot 3\frac{1}{2}-5:2\frac{1}{2}-1\frac{3}{8}:3\frac{1}{2}=$$

$$\left(8:4+\frac{4}{7}:4\right)+\frac{9:3}{4}+\left(5\cdot 3+5\cdot\frac{1}{2}\right)-2-\frac{11}{8}\cdot\frac{2}{7}=$$

$$=2\frac{1}{7}+\frac{3}{4}+15\frac{5}{2}-2-\frac{11}{28}=2\frac{4}{28}+\frac{21}{28}+15\frac{14}{28}-\frac{11}{28}=17\frac{39}{28}-\frac{11}{28}=18$$

2. $$6\frac{1}{2}:\left[5:\left(9\frac{2}{3}-6\frac{5}{12}\right)\right]=$$

$$6\frac{1}{2}:\left[5:3\frac{1}{4}\right]=\frac{13}{2}:\left(5\cdot\frac{4}{13}\right)=\frac{13}{2}\cdot\frac{13}{20}=\frac{169}{40}=4\frac{9}{40}$$

3. a) $$\left(12\frac{3}{18}-2\frac{5}{12}\right)+x=9\frac{4}{5}+4\frac{3}{4};$$

$$\left(12\frac{2}{12}-2\frac{5}{12}\right)+x=9\frac{16}{20}+4\frac{15}{20};$$

$$9\frac{9}{12}+x=13\frac{31}{20};$$

$$x=13\frac{31}{20}-9\frac{3}{4};$$

$$x=13\frac{31}{20}-9\frac{15}{20};$$

$$x=4\frac{16}{20};$$

$$x=4\frac{4}{5};\qquad L=\left\{4\frac{4}{5}\right\}$$

b) Wortform: Welche Zahl muß man zur Differenz der Zahlen $12\frac{3}{18}$ und $2\frac{5}{12}$ addieren, um die Summe der Zahlen $9\frac{4}{5}$ und $4\frac{3}{4}$ zu erhalten?

4. Ansatz: $4\frac{2}{3} : 1\frac{5}{6} + x = 4\frac{2}{3} - 1\frac{5}{6}$;

Berechnung: $\frac{14}{3} \cdot \frac{6}{11} + x = 4\frac{4}{6} - 1\frac{5}{6}$;

$$\frac{28}{11} + x = 2\frac{5}{6};$$

$$x = 2\frac{5}{6} - 2\frac{6}{11};$$

$$x = 2\frac{55}{66} - 2\frac{36}{66};$$

$$x = \frac{19}{66};$$

Die gesuchte Zahl heißt $\frac{19}{66}$.

5. Jeder Doppelbruch läßt sich als Quotient mit Klammersetzung schreiben.

$$\frac{\frac{4}{5} - \frac{4}{5} : 2\frac{2}{3} + 4\frac{1}{3}}{3\frac{2}{3} \cdot \left(5\frac{1}{6} - 2\frac{2}{3}\right) + \frac{1}{2}} =$$

$$\left(\frac{4}{5} - \frac{4}{5} \cdot \frac{3}{8} + 4\frac{1}{3}\right) : \left(\frac{11}{3} \cdot \left(4\frac{7}{6} - 2\frac{4}{6}\right) + \frac{1}{2}\right) =$$

$$= \left(\frac{4}{5} - \frac{3}{10} + 4\frac{1}{3}\right) : \left(\frac{11}{3} \cdot 2\frac{1}{2} + \frac{1}{2}\right) =$$

$$= \left(\frac{24}{30} - \frac{9}{30} + 4\frac{10}{30}\right) : \left(\frac{11}{3} \cdot \frac{5}{2} + \frac{1}{2}\right) =$$

$$= 4\frac{25}{30} : \left(\frac{55}{6} + \frac{3}{6}\right) = 4\frac{5}{6} : \frac{58}{6} = \frac{29}{6} \cdot \frac{6}{58} = \frac{1}{2}$$

6. a) Der Anteil des Gewinns für eigene Anschaffungen ergibt sich aus:
Anteil des Geldes, das nicht zur Bank gebracht wurde ohne den Anteil, den er der Schwester gibt.

$$\Rightarrow \left(1 - \frac{4}{7}\right) - \frac{4}{9} \cdot \left(1 - \frac{4}{7}\right) =$$

$$= \frac{3}{7} - \frac{4}{9} \cdot \frac{3}{7} = \frac{3}{7} - \frac{4}{21} = \frac{5}{21}$$

b) Aus a ergibt sich, daß die Schwester $\frac{4}{21}$ des Gewinns erhält.
$\frac{4}{21}$ sind 4 000 DM.
$\Rightarrow$ Gesamtgewinn (4 000 DM : 4) · 21 = 21 000 DM.

Aufgabe 8

1. Geschickt Rechnen heißt, das Distributivgesetz anzuwenden, unter Umständen mit Aufteilung der Summanden.

a) $99\frac{6}{7} : 3 = 99:3+(6:3):7 = 33+\frac{2}{7} = 33\frac{2}{7}$

b) $81\frac{2}{5} : 4 = 80\frac{7}{5} : 4 = 20\frac{7}{20}$

c) $888\frac{2}{3} : 8 = 888:8+\frac{2}{3}:8 = 111\frac{1}{12}$

d) $17\frac{2}{3}\cdot 6 = 17\cdot 6+\frac{2}{3}\cdot 6 = 102+2\cdot 2 = 106$

2. Ansatz: $\left(7\frac{3}{5}+8\frac{1}{4}\right) - x = 21\frac{2}{15} - 5\frac{3}{10};$

Ausrechnung: $\left(7\frac{12}{20}+8\frac{5}{20}\right) - x = 21\frac{4}{30} - 5\frac{9}{30};$

$$15\frac{17}{20} - x = 15\frac{25}{30};$$

$$x = 15\frac{51}{60} - 15\frac{50}{60};$$

$$x = \frac{1}{60};$$

Die gesuchte Zahl heißt $\frac{1}{60}$.

3. $3\frac{1}{3}\cdot\left(\frac{3}{4}\right)^2-1\frac{1}{12}+4:2\frac{6}{7}+8\frac{1}{3}\cdot5\frac{2}{5}=$

$\frac{10}{3}\cdot\frac{9}{16}-1\frac{1}{12}+4\cdot\frac{7}{20}+\frac{25}{3}\cdot\frac{27}{5}=$

$=\frac{15}{8}-1\frac{1}{12}+\frac{7}{5}+45=$

$=1\frac{105}{120}-1\frac{10}{120}+1\frac{48}{120}+45=$

$=46\frac{143}{120}=47\frac{23}{120}$

4. Der Doppelbruch wird als Quotient geschrieben.

$$\frac{3\frac{3}{14}:\left(\frac{5}{6}+\frac{1}{4}\cdot1\frac{3}{7}\right)}{2\frac{4}{5}-1\frac{9}{20}}=\left[\frac{45}{14}:\left(\frac{5}{6}+\frac{1}{4}\cdot\frac{10}{7}\right)\right]:\left(2\frac{16}{20}-1\frac{9}{20}\right)=$$

$$=\left[\frac{45}{14}:\left(\frac{35}{42}+\frac{15}{42}\right)\right]:1\frac{7}{20}=\frac{45\cdot42\cdot20}{14\cdot50\cdot27}=2$$

5. a) $4\cdot x+7\frac{4}{5}:3\frac{7}{15}=21\frac{1}{8};$

$4\cdot x+\frac{39}{5}\cdot\frac{15}{52}=21\frac{1}{8};$

$4\cdot x+\frac{3\cdot3}{1\cdot4}=21\frac{1}{8};$

$4\cdot x=21\frac{1}{8}-2\frac{2}{8};$

$4\cdot x=18\frac{7}{8};$

$x=16\frac{23}{8}:\ 4;$

$x=4\frac{23}{32};$ $\qquad L=\left\{4\frac{23}{32}\right\}$

b) Die Doppelungleichung wird zunächst mit 56 durchmultipliziert.

$$\frac{3}{4} \le \frac{x}{56} < 1\frac{3}{8}$$

$$\frac{3}{4} \cdot 56 \le x < 1\frac{3}{8} \cdot 56\,;$$

$$42 \le x < 56 + 21\,;$$

$$42 \le x < 77\,;$$

$$L = \{x \in \mathbb{Q}_0^+ \mid 42 \le x < 77\}$$

6. Anteil des Taschengeldes, der Daniel nach dem Kauf der CD und dem Kinobesuch übrigbleibt:

$$1 - \left(\frac{3}{7} + \frac{1}{4}\right) = 1 - \frac{19}{28} = \frac{9}{28}$$

$\frac{9}{28}$ entsprechen 18 DM

$\Rightarrow$ (18 DM : 9) · 28 = 56 DM

Sein gesamtes Taschengeld beträgt 56 DM.

Aufgabe 9

1. a) $2\frac{1}{4} \cdot 12 - 10\frac{1}{2} : 5 = 24 + 3 - 2\frac{1}{10} = 24\frac{9}{10}$

b) $\left(10\frac{1}{3} + \frac{7}{12} - 8\frac{7}{8}\right) : 3\frac{1}{2} =$

$$\left(10\frac{16}{48} + \frac{28}{48} - 8\frac{42}{48}\right) : \frac{7}{2} = 2\frac{2}{48} \cdot \frac{2}{7} = 2\frac{1}{24} \cdot \frac{2}{7} = \frac{49 \cdot 2}{24 \cdot 7} = \frac{7}{12}$$

c) $1\frac{7}{32} \cdot 1\frac{7}{11} \cdot 5\frac{14}{39} = \frac{39 \cdot 18 \cdot 209}{32 \cdot 11 \cdot 39} = \frac{1 \cdot 9 \cdot 19}{16 \cdot 1 \cdot 1} = \frac{171}{16} = 10\frac{11}{16}$

2. Ansatz: $\left(2\frac{4}{15}-\frac{5}{6}\right)+x=2\frac{4}{15}\cdot\frac{5}{6}$;

Ausrechnung: $\left(2\frac{8}{30}-\frac{25}{30}\right)+x=\frac{34\cdot 5}{15\cdot 6}$;

$$1\frac{13}{30}+x=\frac{17\cdot 1}{3\cdot 3};$$

$$x=1\frac{8}{9}-1\frac{13}{30};$$

$$x=1\frac{80}{90}-1\frac{39}{90};$$

$$x=\frac{41}{90};$$

Man muß die Zahl $\frac{41}{90}$ addieren.

3. $\left[\left(5\frac{1}{3}\right)^2-\left(2\frac{1}{3}\right)^2-2\cdot 11\frac{1}{2}\right]\cdot x=4\frac{1}{7}-1\frac{1}{14}$;

$$\left[\left(\frac{16}{3}\right)^2-\left(\frac{7}{3}\right)^2-23\right]\cdot x=4\frac{2}{14}-1\frac{1}{14};$$

$$\left[\frac{256}{9}-\frac{49}{9}-23\right]\cdot x=3\frac{1}{14};$$

$$\left(\frac{207}{9}-23\right)\cdot x=3\frac{1}{14};$$

$$0\cdot x=3\frac{1}{14};$$

Es gibt keine Zahl, die diese Gleichung erfüllen kann, also L = { }.

4. Zunächst wird eine Übersicht erstellt:

1\. Tag: $\frac{1}{5}$ des gesamten Weges

2\. Tag: $\frac{1}{3}\cdot\left(1-\frac{1}{5}\right)$ des gesamten Weges

3\. Tag: $2\cdot\frac{1}{5}$ des gesamten Weges

4. Tag: 12 km

x sei die Gesamtlänge des Weges:

Ansatz: $\frac{1}{5} \cdot x + \frac{1}{3}\left(1 - \frac{1}{5}\right) \cdot x + 2 \cdot \frac{1}{5} \cdot x + 12 = x\,;$

$$\frac{1}{5}x + \frac{4}{15}x + \frac{2}{5}x + 12 = x\,;$$

$$\frac{13}{15}x + 12 = x\,;$$

$$\frac{2}{15}x = 12\,;$$

$$x = 12 \cdot \frac{15}{2}\,;$$

$$x = 90\,;$$

Die Gesamtstrecke ist 90 km lang.

5. Die Mittel zweier Zahlen wird berechnet, indem man deren Summe halbiert.

$$\left(2\frac{1}{4} + 2\frac{2}{5}\right) : 2 = \left(2\frac{5}{20} + 2\frac{8}{20}\right) : 2 = 4\frac{13}{20} : 2 = 2\frac{13}{40}$$

6. Die Anwendung des Distributivgesetzes ergibt:

$$x - \frac{2}{5} \cdot x - \frac{1}{2} \cdot x = \frac{1}{3}\,;$$

$$\left(1 - \frac{2}{5} - \frac{1}{2}\right) \cdot x = \frac{1}{3}\,;$$

$$\frac{1}{10} \cdot x = \frac{1}{3}\,;$$

$$x = \frac{10}{3} = 3\frac{1}{3}\,;$$

$3\frac{1}{3} \in \mathbb{Q}_0^+ \Rightarrow L = \left\{3\frac{1}{3}\right\}$ für $G = \mathbb{Q}_0^+$

$3\frac{1}{3} \notin \mathbb{N} \Rightarrow L = \{\ \}$ für $G = \mathbb{N}$

Aufgabe 10

1. a) $\frac{a}{b} : \frac{c}{d} = \frac{a}{b} \cdot \frac{d}{c} = \frac{a \cdot d}{b \cdot c}$; $a \in \mathbb{N}_0$; $b, c, d \in \mathbb{N}$

b) Zur Zahl 0 gibt es keinen Kehrbruch, weil $\frac{1}{0}$ nicht definiert ist.

c) Die Zahlen heißen Stammbrüche, weil der Kehrbruch zu $\frac{1}{n}$ die natürliche Zahl $\frac{n}{1} = n$ ist.

2. a)
$$\left(3\frac{1}{2}\right)^2 + \left(4\frac{1}{2}\right)^2 - \left(5\frac{1}{2}\right)^2 = \left(1\frac{1}{2}\right)^2$$
$$\left(\frac{7}{2}\right)^2 + \left(\frac{9}{2}\right)^2 - \left(\frac{11}{2}\right)^2 = \left(\frac{3}{2}\right)^2$$
$$\frac{49}{4} + \frac{81}{4} - \frac{121}{4} = \frac{9}{4}$$
$$\frac{130}{4} - \frac{121}{4} = \frac{9}{4}$$
$$\frac{9}{4} = \frac{9}{4} \quad \text{wahre Aussage!}$$

b)
$$\left(7\frac{1}{3} - 1\frac{7}{8} \cdot 3\frac{5}{9}\right) : \left(2\frac{1}{10} : \frac{14}{25} - 2\frac{1}{4}\right) =$$
$$= \left(7\frac{1}{3} - \frac{15 \cdot 32}{8 \cdot 9}\right) : \left(\frac{21 \cdot 25}{10 \cdot 14} - 2\frac{1}{4}\right) = \left(7\frac{1}{3} - \frac{5 \cdot 4}{1 \cdot 3}\right) : \left(\frac{3 \cdot 5}{2 \cdot 2} - 2\frac{1}{4}\right) =$$
$$= \left(\frac{22}{3} - \frac{20}{3}\right) : \left(\frac{15}{4} - \frac{9}{4}\right) = \frac{2}{3} : \frac{6}{4} = \frac{2}{3} \cdot \frac{4}{6} = \frac{2 \cdot 4}{3 \cdot 6} = \frac{1 \cdot 4}{3 \cdot 3} = \frac{4}{9}$$

3.
$$\frac{\left(4\frac{1}{2}\right)^2 : 6\frac{3}{4}}{4\frac{1}{4} : 2\frac{1}{8} - 1\frac{3}{4}} = \left[\left(\frac{9}{2}\right)^2 : \frac{27}{4}\right] : \left[\frac{17}{4} : \frac{17}{8} - 1\frac{3}{4}\right] = \left[\frac{81 \cdot 4}{4 \cdot 27}\right] : \left[\frac{17 \cdot 8}{4 \cdot 17} - 1\frac{3}{4}\right] =$$
$$= 3 : \left[2 - 1\frac{3}{4}\right] = 3 : \frac{1}{4} = 3 \cdot \frac{4}{1} = 12$$

4. a) $2\frac{1}{2} : x = 1\frac{7}{18}$

$$x = 2\frac{1}{2} : 1\frac{7}{18}$$

$$x = \frac{5}{2} : \frac{25}{18}$$

$$x = \frac{5 \cdot 18}{2 \cdot 25}$$

$$x = \frac{1 \cdot 9}{1 \cdot 5}$$

$$x = \frac{9}{5} = 1\frac{4}{5} \qquad L = \left\{1\frac{4}{5}\right\}$$

b) $x^2 - 1 = 2\frac{6}{25}$

$$x^2 = 2\frac{6}{25} + 1$$

$$x^2 = 3\frac{6}{25}$$

$$x^2 = \frac{81}{25}$$

$$x = \frac{9}{5}, \text{ weil } \left(\frac{9}{5}\right)^2 = \frac{81}{25} \qquad L = \left\{\frac{9}{5}\right\} = \left\{1\frac{4}{5}\right\}$$

c) $$2 \cdot x - \frac{1}{3} \cdot x - \frac{1}{6} \cdot x = \frac{3}{4}$$

$$\frac{12}{6} \cdot x - \frac{2}{6} \cdot x - \frac{1}{6} \cdot x = \frac{3}{4}$$

$$\frac{9}{6} \cdot x = \frac{3}{4}$$

$$\frac{3}{2} \cdot x = \frac{3}{4}$$

$$x = \frac{3}{4} : \frac{3}{2}$$

$$x = \frac{3 \cdot 2}{4 \cdot 3}$$

$$x = \frac{1}{2} \qquad \Rightarrow L = \left\{\frac{1}{2}\right\}$$

5. a) Die gesuchte Zahl sei x.

$$x : \left(1\frac{1}{2} + 1\frac{3}{4}\right) = 3\frac{1}{13}$$

$$x = 3\frac{1}{13} \cdot \left(1\frac{2}{4} + 1\frac{3}{4}\right)$$

$$x = 3\frac{1}{13} \cdot 3\frac{1}{4}$$

$$x = \frac{40 \cdot 13}{13 \cdot 4} = 10$$

Die gesuchte Zahl heißt 10.

b) $$\left(3\frac{1}{3} + 2\frac{1}{6}\right) : \left(3\frac{1}{3} - 2\frac{1}{6}\right) + \left(1\frac{1}{7}\right)^2 =$$

$$= \left(3\frac{2}{6} + 2\frac{1}{6}\right) : \left(3\frac{2}{6} - 2\frac{1}{6}\right) + \left(\frac{8}{7}\right)^2 =$$

$$= 5\frac{3}{6} : 1\frac{1}{6} + \frac{64}{49} = \frac{33 \cdot 6}{6 \cdot 7} + \frac{64}{49} = \frac{33}{7} + \frac{64}{49} = \frac{231}{49} + \frac{64}{49} = \frac{295}{49} = 6\frac{1}{49}$$

6. Der Inhalt sei x Liter.

$$\frac{4}{9} \cdot x + 5 = \frac{1}{2} \cdot x$$

$$\underbrace{\frac{8}{18} \cdot x + 5}_{} = \frac{9}{18} \cdot x$$

Da $\frac{8}{18} \cdot x + \frac{1}{18} \cdot x = \frac{9}{18} \cdot x$ ergibt, muß gelten:

$$\frac{1}{18} \cdot x = 5$$
$$x = 5 \cdot 18$$
$$x = 90$$

Im vollen Faß waren 90 Liter Wein.

Aufgabe 11

1. a) $\frac{a}{b} : c = \frac{a}{b \cdot c}$; $a \in \mathbb{N}_0$; $b, c \in \mathbb{N}$

b) Da der Kehrbruch des Kehrbruches wieder der ursprüngliche Bruch ist, heißen die Kehrbrüche der Kehrbrüche der Stammbrüche auch Stammbrüche.

c) Da $\frac{1}{n} = n$ gelten muß, ist dies nur für die Zahl n = 1 möglich.

2. a) $\left(7\frac{1}{14} \cdot 21\right) : 33 = \left(\frac{99 \cdot 21}{14}\right) : 33 = \frac{99 \cdot 21}{14 \cdot 33} = \frac{3 \cdot 3}{2 \cdot 1} = \frac{9}{2} = 4\frac{1}{2}$

b) $\left[\left(3\frac{1}{2}\right)^2 : 6\frac{1}{8}\right] : \left[\left(1\frac{1}{2}\right)^2 - 4\frac{1}{3} : 2\frac{1}{6}\right] =$

$= \left[\left(\frac{7}{2}\right)^2 : \frac{49}{8}\right] : \left[\left(\frac{3}{2}\right)^2 - \frac{13}{3} : \frac{13}{6}\right] = \left[\frac{49 \cdot 8}{4 \cdot 49}\right] : \left[\frac{9}{4} - \frac{13 \cdot 6}{3 \cdot 13}\right] =$

$= 2 : \left[\frac{9}{4} - 2\right] = 2 : \frac{1}{4} = 2 \cdot \frac{4}{1} = 8$

3. $\left(3\frac{3}{4}-1\frac{5}{16}\cdot 1\frac{5}{7}\right):\left(2\frac{11}{12}\cdot\frac{9}{10}-2\frac{1}{4}\right)-\left(1\frac{7}{8}\right)^2 =$

$=\left(3\frac{3}{4}-\frac{21\cdot 12}{16\cdot 7}\right):\left(\frac{35\cdot 9}{12\cdot 10}-2\frac{1}{4}\right)-\left(\frac{15}{8}\right)^2 =$

$=\left(3\frac{3}{4}-\frac{3\cdot 3}{4\cdot 1}\right):\left(\frac{7\cdot 3}{4\cdot 2}-2\frac{1}{4}\right)-\frac{225}{64} =$

$=\left(3\frac{3}{4}-2\frac{1}{4}\right):\left(\frac{21}{8}-\frac{18}{8}\right)-\frac{225}{64} =$

$=\frac{3}{2}:\frac{3}{8}-\frac{225}{64}=\frac{3\cdot 8}{2\cdot 3}-3\frac{33}{64}=4-3\frac{33}{64}=\frac{31}{64}$

4. a) $2\frac{5}{12}:x=2\frac{4}{27}$

$x=2\frac{5}{12}:2\frac{4}{27}$

$x=\frac{29}{12}:\frac{58}{27}$

$x=\frac{29\cdot 27}{12\cdot 58}$

$x=\frac{1\cdot 9}{4\cdot 2}=\frac{9}{8}=1\frac{1}{8}$ $\quad\Rightarrow L=\left\{1\frac{1}{8}\right\}$

b) $x^2+3=4\frac{32}{49}$

$x^2=4\frac{32}{49}-3$

$x^2=1\frac{32}{49}$

$x^2=\frac{81}{49}$

$x=\frac{9}{7}$, weil $\left(\frac{9}{7}\right)^2=\frac{81}{49}$ $\quad\Rightarrow L=\left\{\frac{9}{7}\right\}=\left\{1\frac{2}{7}\right\}$

c) $$\left[\left(4\frac{1}{2}\right)^2-\left(2\frac{1}{2}\right)^2-6\cdot 2\frac{1}{3}\right]\cdot x=5\frac{1}{6}-2\frac{1}{12}$$

$$\left[\left(\frac{9}{2}\right)^2-\left(\frac{5}{2}\right)^2-6\cdot\frac{7}{3}\right]\cdot x=5\frac{2}{12}-2\frac{1}{12}$$

$$\left[\frac{81}{4}-\frac{25}{4}-14\right]\cdot x=3\frac{1}{12}$$

$$\left[\frac{56}{4}-14\right]\cdot x=3\frac{1}{12}$$

$$0\cdot x=3\frac{1}{12}$$

Die Gleichung ist unlösbar, d. h. L = { }, weil das Produkt $0 \cdot x$ stets den Wert 0 besitzt.

5. Die Länge der Stange sei x Meter. Der Rest beträgt dann $\frac{3}{5}\cdot x$.

$$\frac{5}{7}\cdot\left(\frac{3}{5}\cdot x\right)=1\frac{4}{5}$$

$$\frac{5\cdot 3}{7\cdot 5}\cdot x=\frac{9}{5}$$

$$\frac{3}{7}\cdot x=\frac{9}{5}$$

$$x=\frac{9}{5}:\frac{3}{7}$$

$$x=\frac{9\cdot 7}{5\cdot 3}=\frac{21}{5}$$

Die Stange war $\frac{21}{5}$ m = $4\frac{1}{5}$ m lang.

6. Die Gesamtschülerzahl sei x.

$$x - \frac{3}{7} \cdot x - \frac{1}{4} \cdot x - \frac{1}{6} \cdot x = 26$$

$$\frac{84}{84} \cdot x - \frac{36}{84} \cdot x - \frac{21}{84} \cdot x - \frac{14}{84} \cdot x = 26$$

$$\frac{13}{84} \cdot x = 26$$

$$x = 26 : \frac{13}{84}$$

$$x = \frac{26 \cdot 84}{13}$$

$$x = 168$$

Die Gesamtschülerzahl beträgt 168.

In der 1. Klassenstufe sind $\frac{3}{7} \cdot 168 = 72$ Schüler,

in der 2. Klassenstufe sind $\frac{1}{4} \cdot 168 = 42$ Schüler und

in der 3. Klassenstufe sind $\frac{1}{6} \cdot 168 = 28$ Schüler.

Aufgabe 12

1. a) $\frac{4}{3} - \frac{3}{4} = \frac{16}{12} - \frac{9}{12} = \frac{7}{12}$

b) $\frac{8 - 5\frac{1}{2}}{\left(\frac{2}{3}\right)^2 - \left(\frac{1}{3}\right)^2} = \left(8 - 5\frac{1}{2}\right) : \left[\left(\frac{2}{3}\right)^2 - \left(\frac{1}{3}\right)^2\right] =$

$$= 2\frac{1}{2} : \left[\frac{4}{9} - \frac{1}{9}\right] = \frac{5}{2} : \frac{1}{3} = \frac{5 \cdot 3}{2 \cdot 1} = \frac{15}{2} = 7\frac{1}{2}$$

2. a) $\left(4\frac{1}{3}+2\frac{1}{6}-6\frac{1}{2}\right)\cdot x=0 \qquad G=\mathbb{Q}_0^+$

$\left(4\frac{2}{6}+2\frac{1}{6}-6\frac{3}{6}\right)\cdot x=0$

$0\cdot x=0$

Die Gleichung ist allgemeingültig, d. h. für jede Einsetzung von x ergibt sich eine wahre Aussage $\Rightarrow L = G = \mathbb{Q}_0^+$.

b) $x+\frac{1}{8}x+\frac{1}{4}x=0 \qquad G=\mathbb{Q}_0^+$

$\frac{8}{8}x+\frac{1}{8}x+\frac{2}{8}x=0$

$\frac{11}{8}\cdot x=0$ *Beachte:* $\frac{11}{8}x=\frac{11}{8}\cdot x$

$x=0$, da der Wert eines Produktes nur dann 0 sein kann, wenn wenigstens ein Faktor den Wert 0 hat.
$\Rightarrow L=\{0\}$.

c) $x^2>\frac{1}{49} \qquad G=\{x \mid x \text{ ist Stammbruch}\}$

Einsetzen liefert wahre Aussagen für $x=\frac{1}{1}$, $x=\frac{1}{2}$, $x=\frac{1}{3}$..., $x=\frac{1}{6}$

$\Rightarrow L=\left\{\frac{1}{1};\ \frac{1}{2};\ \frac{1}{3};\ \frac{1}{4};\ \frac{1}{5};\ \frac{1}{6}\right\}$

3. a) Die gesuchte Zahl sei x.
$8:x=56$

$x=8:56=\frac{8}{56}=\frac{1}{7}$

Die gesuchte Zahl heißt $\frac{1}{7}$.

b) Die gesuchte Zahl sei x.

$$17\frac{1}{5} : 5 - x = 2\frac{3}{5}$$

$$x = 17\frac{1}{5} : 5 - 2\frac{3}{5}$$

$$x = \frac{86}{5} : 5 - 2\frac{3}{5}$$

$$x = \frac{86}{5 \cdot 5} - 2\frac{15}{25}$$

$$x = \frac{86}{25} - \frac{65}{25} = \frac{21}{25}$$

Die gesuchte Zahl ist $\frac{21}{25}$.

4. $A = a \cdot b \qquad U = 2 \cdot (a + b)$

$$1\frac{2}{3} \cdot b = 3\frac{8}{9}$$

$$b = 3\frac{8}{9} : 1\frac{2}{3}$$

$$b = \frac{35 \cdot 3}{9 \cdot 5}$$

$$b = \frac{7}{3} = 2\frac{1}{3}\ \text{m}$$

$$U = 2 \cdot \left(1\frac{2}{3} + 2\frac{1}{3}\right) = 2 \cdot 4 = 8\ \text{m}$$

Der Umfang des Rechtecks beträgt 8 m.

5. a) 1. Rest: $\frac{1}{3}$ des Geldes: $\frac{1}{3} \cdot x$

2. Rest: $\frac{4}{5}$ von $\frac{1}{3} \cdot x = \frac{4}{15} \cdot x$

3. Rest: $\frac{3}{5}$ von $\frac{4}{15} \cdot x = \frac{3 \cdot 4}{5 \cdot 15} \cdot x = \frac{4}{25} \cdot x$

$$\frac{4}{25} \cdot x = 1200$$

$$x = 1200 : \frac{4}{25}$$

$$x = \frac{1200 \cdot 25}{4}$$

$$x = 300 \cdot 25$$

$$x = 7\,500$$

Frau Meier erbt 7 500 DM.

b) Der Wintermantel kostet $\frac{2}{5}$ von $\frac{4}{15}$ von 7 500 DM =

$$= \frac{2 \cdot 4 \cdot 7\,500 \text{ DM}}{5 \cdot 15} = 800 \text{ DM}$$

6. a) $7{,}031 < 7{,}203 < 7{,}23 < 7{,}231 < 7{,}3 < 7{,}302 < 7{,}32$

b) $\{2{,}15; 2{,}16; 2{,}17; 2{,}18; 2{,}19\}$

Aufgabe 13

1. a) Kommaverschiebung ergibt:
$0{,}07302 \cdot 2\,000 = 73{,}02 \cdot 2 = 146{,}04$

b) Die Anwendung des Kommutativgesetzes ergibt:
$2\frac{3}{7} \cdot 0{,}049 = 0{,}049 \cdot \frac{17}{7} = (0{,}049 : 7) \cdot 17 = 0{,}007 \cdot 17 = 0{,}119$

c) Der Divisor wird in eine Dezimalzahl umgewandelt:
$30{,}5 : 2\frac{4}{5} = 30{,}5 : 2{,}8 = 305 : 28 = 10\frac{25}{28}$

2. a) $6{,}8 : 0{,}0659 - 0{,}0876 \cdot 9{,}3 = 7 : 0{,}07 - 0{,}1 \cdot 10 = 700 : 7 - 1 = 99$;
Andere Näherungen sind ebenfalls möglich.

b) Aus der Rundungsregel ergibt sich die gesuchte Menge
$\{0{,}0250; 0{,}0251; ...; 0{,}0349\}$.

3. Der Bruch wird mit 10^8 erweitert, so daß im Zähler und Nenner nur noch natürliche Zahlen stehen. Dann wird gekürzt.

$$\frac{0,0156 \cdot 1,75 \cdot 13,2}{2,75 \cdot 0,336 \cdot 0,208} = \frac{156 \cdot 175 \cdot 132 \cdot 10}{275 \cdot 336 \cdot 208} = \frac{39 \cdot 7 \cdot 33 \cdot 10}{11 \cdot 84 \cdot 52} =$$

$$= \frac{3 \cdot 1 \cdot 3 \cdot 10}{1 \cdot 12 \cdot 4} = \frac{15}{8} = 1\frac{7}{8} = 1,875$$

4. $(4,04 - 2,201) : 0,012 - 51,66 - \frac{3}{7} \cdot \left(9\frac{3}{4} - 6,04\right) =$

$1,839 : 0,012 - 51,66 - \frac{3}{7} \cdot (9,75 - 6,04) =$

$= 1839 : 12 - 51,66 - \frac{3}{7} \cdot 3,71 =$

$= 153,25 - 51,66 - (3,71 : 7) \cdot 3 =$

$= 101,59 - 0,53 \cdot 3 = 101,59 - 1,59 = 100$

5. $\dfrac{4\frac{3}{8} \cdot 5 - 2\frac{1}{4} : 3}{2,5 \cdot 2\frac{1}{2} - 0,3 \cdot 20\frac{2}{5}} = \dfrac{4,375 \cdot 5 - 2,25 : 3}{2,5 \cdot 2,5 - 0,3 \cdot 20,4} = \dfrac{21,875 - 0,75}{6,25 - 6,12} =$

$= \dfrac{21,125}{0,13} = \dfrac{2112,5}{13} = 162,5$

6. a) Die Kosten ergeben sich aus den Kosten für Benzin (50 ℓ und 80 ℓ) und den Autobahngebühren.

Ansatz:

$50 \cdot 1,13 \text{ DM} + 80 \cdot 1,48 \text{ DM} + 82 \text{ DM} =$

$= 56,5 \text{ DM} + 118,4 \text{ DM} + 82 \text{ DM} = 256,9 \text{ DM}$

Die Anreise kostete 256,90 DM.

b) 130 ℓ : 15 = 8,66... ℓ = 8,7 ℓ

Der durchschnittliche Benzinverbrauch war 8,7 ℓ je 100 km.

Aufgabe 14

1. a) $168{,}449 \approx 168{,}4$

b) $0{,}78951 \approx 0{,}790$. Die Ziffer 0 auf der 3. Dezimale muß geschrieben werden, da damit angegeben wird, daß auf die 3. Dezimale gerundet wurde.

c) $0{,}0798\ \text{t} = 79{,}8\ \text{kg} \approx 80\ \text{kg}$

d) Es wird zunächst in Minuten umgewandelt.
$0{,}53\ \text{h} = 0{,}53 \cdot 60\ \text{min} = 31{,}8\ \text{min} \approx 32\ \text{min}$

2. Niedrigster Wert: 4.450.000 DM
Höchster Wert: 4.549.999 DM

3. a) Hat ein gekürzter Bruch $\frac{a}{b}$ eine periodische Dezimalbruchentwicklung, so besteht die Periode aus höchstens $b - 1$ Ziffern, hier also aus höchstens 6 Ziffern und nicht aus 7 Ziffern.

b) Jeder gekürzte Bruch, dessen Nenner nur die Primfaktoren 2 und 5 enthält, hat eine endliche Dezimalbruchentwicklung.
$2\,000 = 2 \cdot 10 \cdot 10 \cdot 10 = 2^4 \cdot 5^3$
$\Rightarrow \frac{113}{2\,000}$ hat eine endliche Dezimalbruchentwicklung.

4. a) Die Multiplikationen sollten im Kopf gerechnet werden.

$$1{,}4 \cdot 1{,}5 + x = 8{,}7 \cdot 0{,}2 \cdot 2{,}5\,;$$
$$2{,}1 + x = 8{,}7 \cdot 0{,}5\,;$$
$$2{,}1 + x = 4{,}35\,;$$
$$x = 4{,}35 - 2{,}1\,;$$
$$x = 2{,}25\,; \qquad L = \{2{,}25\}$$

b)
$$x^2 + 3 = 3{,}49\,;$$
$$x^2 = 0{,}49\,;$$
$$x = 0{,}7\,; \qquad L = \{0{,}7\}$$

5. a) $2{,}4 \cdot \frac{1}{8} + 3{,}6 : \frac{1}{3} = 2{,}4 : 3{,}6 \cdot 3 = 0{,}3 + 10{,}8 = 11{,}1$

b) $\left(\frac{3}{8} + 80 \cdot 0{,}04\right) : 2{,}5 - 4{,}73 : 5{,}5 =$
$(0{,}375 + 3{,}2) : 2{,}5 - 47{,}3 : 55 =$
$= 3{,}575 : 2{,}5 - 0{,}86 =$
$= 0{,}3575 \cdot 4 - 0{,}86 = 1{,}43 - 0{,}86 = 0{,}57$

6. Der durchschnittliche Preis ergibt sich aus Preissumme über 12 Monate durch Anzahl der Monate.
(4 · 6,90 DM + 5 · 7,20 DM + 3 · 6,70 DM) : 12 =
= (27,60 DM + 36 DM + 20,10 DM) : 12 =
= 83,70 DM : 12 = 6,975 DM = 6,98 DM
Der durchschnittliche Kaffeepreis betrug 6,98 DM.

Aufgabe 15

1. a) $4{,}24 = 4\frac{24}{100} = 4\frac{6}{25}$

b) Es ergibt sich der unendliche periodische Dezimalbruch $\frac{7}{6} = 1{,}1\overline{6}$.

c) Das Distributivgesetz muß angewandt werden:
77,8 · 30,5 + 30,5 · 22,2 = 30,5 · (77,8 + 22,2) = 30,5 · 100 = 3 050.

2. a) Zunächst wird eine Kommaverschiebung durchgeführt.
(0,008 · 9 300 – 6,003 : 0,09) – 0,0912 : 0,3 =
= (8 · 9,3 – 600,3 : 9) – 0,912 : 3 =
= (77,4 – 66,7) – 0,304 = 7,7 – 0,304 = 7,396

b) Der Bruch wird zunächst mit 10^6 erweitert.
$$\frac{0{,}0289 \cdot 8{,}4}{0{,}035 \cdot 8{,}5 \cdot 2{,}04} = \frac{289 \cdot 84 \cdot 10}{35 \cdot 85 \cdot 204} = \frac{17 \cdot 12 \cdot 5}{5 \cdot 5 \cdot 102} = \frac{1 \cdot 12 \cdot 1}{5 \cdot 1 \cdot 6} = \frac{2}{5}$$

3. $\left(9\frac{4}{5}\cdot 6+3\frac{3}{4}:0,6\right)-5\cdot\left(8\frac{7}{10}\cdot 0,3-2\frac{5}{8}\cdot 0,7\right)=$

$(9,8 \cdot 6 + 3,75 : 0,6) - 5 \cdot (8,7 \cdot 0,3 - 2,625 \cdot 0,7) =$
$= (58,8 + 37,5 : 6) - 5 \cdot (2,61 - 1,8375) =$
$= (58,8 + 6,25) - 5 \cdot 0,7725 =$
$= 65,05 - 3,8625 = 61,1875$

4. a) $\frac{3}{20}$ wird zunächst in den Dezimalbruch 0,15 umgewandelt. Es gilt dann:
$0,15 < 0,1501 < 0,1502 < 0,1503 < 0,151$

Die Zahlen 0,1501; 0,1502; 0,1503 liegen also dazwischen. Man kann unendlich viele Zahlen finden.

b) $0,043 \cdot 1\,980 - 0,068 : 0,0071 \approx 0,05 \cdot 2\,000 - 0,07 : 0,007 =$
$= 5 \cdot 20 - 70 : 7 = 100 - 10 = 90$

5. Ansatz: $(2,6 - 2,4)^2 + x = 2,6^2 - 2,4^2;$

Ausrechnung: $0,2^2 + x = 6,76 - 5,76;$
$0,04 + x = 1;$
$x = 1 - 0,04;$
$x = 0,96;$

Man muß die Zahl 0,96 addieren.

6. Die Beziehung Weg = Geschwindigkeit · Zeit muß bekannt sein. Die Geschwindigkeit in $\frac{km}{h}$ muß zuerst in $\frac{m}{s}$ umgewandelt werden.

$$90\frac{km}{h} = 90 \cdot \frac{1000\text{ m}}{3600\text{ s}} = \frac{900}{36}\frac{m}{s} = 25\frac{m}{s}$$

Weg in 0,005 s:

$$25\frac{m}{s} \cdot 0,005\text{ s} = 0,125\text{ m} = 12,5\text{ cm}.$$

Aufgabe 16

1. a) $M = \{x \mid 0{,}535 \leq x < 0{,}545\}$

b) Ein Dezimalbruch wird durch eine natürliche Zahl so dividiert wie bei der Division von natürlichen Zahlen. Beim Überschreiten des Kommas im Dividenden wird im Quotientenwert das Komma gesetzt.

2. a) $0{,}0857637 \text{ ha} = 857{,}637 \text{ m}^2 \approx 858 \text{ m}^2$

b) (1) $2{,}5 \text{ cm}^2 = 0{,}025 \text{ dm}^2$
(2) $1{,}1\,h\ell = 1{,}10\,h\ell = 110\,\ell$
(3) $8{,}90 \text{ t} = 8{,}900 \text{ t} = 8\,900 \text{ kg}$
(4) $17 \text{ cm} = 0{,}00017 \text{ km}$

3. a) $$\frac{1{,}21 \cdot 32 \cdot 2{,}25}{15 \cdot 1{,}1 \cdot 1{,}6} = \frac{1{,}1 \cdot 20 \cdot 0{,}15}{1 \cdot 1 \cdot 1} = 3{,}3$$

oder mit ausgleichender Kommaverschiebung:

$$\frac{1{,}21 \cdot 32 \cdot 2{,}25}{15 \cdot 1{,}1 \cdot 1{,}6} = \frac{121 \cdot 32 \cdot 225}{15 \cdot 11 \cdot 16 \cdot 100} = \frac{11 \cdot 2 \cdot 15}{1 \cdot 1 \cdot 100} = \frac{330}{100} = 3{,}3$$

b) $(9{,}32 + 8{,}176 - 15{,}304) : 1{,}37 + (3 - 2{,}25) \cdot 3{,}2 =$
$= (9{,}320 + 8{,}176 - 15{,}304) : 1{,}37 + (3{,}00 - 2{,}25) \cdot 3{,}2 =$
$= 2{,}192 : 1{,}37 + 0{,}75 \cdot 3{,}2 = 1{,}6 + 2{,}4 = 4$

4. a) (1) $x \cdot (62 - 27{,}4) = 1{,}1072 \cdot 2$
$x \cdot 34{,}6 = 2{,}2144$
$x = 2{,}2144 : 34{,}6$
$x = 0{,}064 \qquad \Rightarrow L = \{0{,}064\}$

(2) $(1{,}2 \cdot x)^2 = 5{,}76$
$1{,}2 \cdot x = 2{,}4$, weil $(2{,}4)^2 = 5{,}76$
$x = 2{,}4 : 1{,}2$
$x = 2 \qquad \Rightarrow L = \{2\}$

b) $(60{,}94 + 24{,}16) : x = 4{,}94 - 1{,}24$
$85{,}1 : x = 3{,}7$
$x = 85{,}1 : 3{,}7$
$x = 23$

Die gesuchte Zahl heißt 23.

5. Es wird in DM gerechnet.
$(80 - 24 \cdot 2{,}4) : 16 = (80 - 57{,}6) : 16 = 22{,}4 : 16 = 1{,}4$
1 kg des Restes kostete 1,40 DM.

6. a) $7 : 22 = \frac{7}{22}$ muß ein unendlicher periodischer Dezimalbruch sein, da der Nenner $22 = 2 \cdot 11$ nicht nur die Faktoren 2 und 5 enthält.

$$
\begin{array}{l}
7 : 22 = 0{,}3181 \qquad \Rightarrow \; 7 : 22 = 0{,}31818\ldots = 0{,}3\overline{18} \\
70 \\
\underline{66} \\
\;\;40 \\
\;\;\underline{22} \\
\;\;180 \\
\;\;\underline{176} \\
\;\;\;\;40\ldots
\end{array}
$$

b)
$$
\begin{array}{l}
13 : 33 = 0{,}393\ldots = 0{,}\overline{39} \\
130 \\
\;\;\underline{99} \\
\;\;310 \qquad\qquad \Rightarrow 16\frac{13}{33} = 16{,}\overline{39} \\
\;\;\underline{297} \\
\;\;\;\;130\ldots
\end{array}
$$

Aufgabe 17

1. a) $0{,}59499\ \text{m}^2 = 59{,}499\ \text{dm}^2 \approx 59\ \text{dm}^2$

b) $0{,}06759\ \text{kg} = 67{,}59\ \text{g} \approx 68\ \text{g}$

c) $7{,}14158\ \text{km} = 7\,141{,}58\ \text{m} \approx 7\,142\ \text{m}$

d) $8{,}5\ h\ell = 8{,}50\ h\ell = 850\ \ell$

2. a) $2{,}1\ \text{a} - 3\,125\ \text{cm}^2 = 2{,}1000\ \text{a} - 31{,}25\ \text{dm}^2 = 21\,000\ \text{dm}^2 - 31{,}25\ \text{dm}^2$
$= 21\,000{,}00\ \text{dm}^2 - 31{,}25\ \text{dm}^2 = 20\,968{,}75\ \text{dm}^2$

b) $120\ \text{min} + 3{,}875\ \text{h} + 0{,}3\ \text{Tage} = 2\ \text{h} + 3{,}875\ \text{h} + 0{,}3 \cdot 24\ \text{h}$
$= 2\ \text{h} + 3{,}875\ \text{h} + 7{,}2\ \text{h} = 13{,}075\ \text{h}$

3. 7,4 m + 13,86 dm – 453 cm + 26,48 dm + 5 040 cm =
= 7,4 m + 1,386 m – 4,53 m + 2,648 m + 50,40 m =
= (7,400 + 1,386 + 2,648 + 50,400) m – 4,530 m =
= 61,834 m – 4,530 m = 57,304 m

4. 2,34 · (2,159 + 1,441) + (1,08 · 0,16) : (8,746 – 8,446) =
= 2,34 · 3,6 + 0,1728 : 0,3 = 8,424 + 0,576 = 9

5. $$\frac{1{,}96 \cdot 1{,}8 \cdot 24}{1{,}4 \cdot 6{,}3 \cdot 0{,}32} = \frac{1{,}4 \cdot 2 \cdot 3}{1 \cdot 7 \cdot 0{,}04} = \frac{0{,}2 \cdot 1 \cdot 3}{1 \cdot 1 \cdot 0{,}02} = \frac{10 \cdot 3}{1 \cdot 1} = 30$$

oder mit ausgleichender Kommaverschiebung

$$\frac{1{,}96 \cdot 1{,}8 \cdot 24}{1{,}4 \cdot 6{,}3 \cdot 0{,}32} = \frac{196 \cdot 18 \cdot 24 \cdot 10}{14 \cdot 63 \cdot 32} = \frac{14 \cdot 2 \cdot 3 \cdot 10}{1 \cdot 7 \cdot 4} = \frac{2 \cdot 1 \cdot 3 \cdot 10}{1 \cdot 2} = 30$$

6. a) Die gesuchte Zahl sei x.

$$\begin{aligned} x + (1{,}95 : 1{,}3) \cdot 3 &= 2{,}5^2 - 1{,}2^2 \\ x + 1{,}5 \cdot 3 &= 6{,}25 - 1{,}44 \\ x + 4{,}5 &= 4{,}81 \\ x &= 4{,}81 - 4{,}5 \\ x &= 0{,}31 \end{aligned}$$

Die Zahl heißt 0,31.

b) (1) $312 : 16 = 19\frac{8}{16} = 19{,}5$

(2) $11 : 9 = 1\frac{2}{9} = 1{,}222\ldots = 1{,}\overline{2}$

(3) $25 : 22 = 1\frac{3}{22} = 1{,}13636\ldots = 1{,}1\overline{36}$

NR: 3 : 22 = 0,1363...
30
22
 80
 66
 140
 132
  80

Aufgabe 18

1. a) $0{,}000532 < 0{,}005032 < 0{,}005302 < 0{,}005320$

b) (1) $0{,}004999 \approx 0{,}00$
(2) $34{,}4996 \approx 34{,}500$

c) $M = \{x \mid 2{,}335 \leq x < 2{,}345\}$

2. a) $10{,}873 - 2{,}04 - 5{,}602 + 1{,}1 =$
$= (10{,}873 + 1{,}100) - (2{,}040 + 5{,}602) = 11{,}973 - 7{,}642 = 4{,}331$

b) $0{,}732 \cdot 9{,}007 + 1{,}268 \cdot 9{,}007 = (0{,}732 + 1{,}268) \cdot 9{,}007 =$
$= 2 \cdot 9{,}007 = 18{,}014$

3. a) $x^2 = 0{,}0036$
$x = 0{,}06$, weil $0{,}06^2 = 0{,}0036 \quad \Rightarrow \quad L = \{0{,}06\}$

b) $x^2 - 1 = 0$
$x^2 = 1$
$x = 1 \quad \Rightarrow \quad L = \{1\}$

c) $x \cdot (74{,}8 - 12{,}3) = 156{,}25 \cdot 0{,}2$
$x \cdot 62{,}5 = 31{,}25$
$x = 31{,}25 : 62{,}5$
$x = 0{,}5 \quad \Rightarrow \quad L = \{0{,}5\}$

4. a) $39{,}252 : 0{,}12 =$
$3925{,}2 : 12 = 327{,}1$
$\underline{36}$
32
$\underline{24}$
85
$\underline{84}$
12
$\underline{12}$
$-$

b) $\dfrac{1{,}9 \cdot 0{,}075 \cdot 3{,}9}{0{,}15 \cdot 0{,}91 \cdot 9{,}5} = \dfrac{19 \cdot 75 \cdot 39}{15 \cdot 91 \cdot 95} = \dfrac{1 \cdot 5 \cdot 3}{1 \cdot 7 \cdot 5} = \dfrac{3}{7} = 0{,}428571428571\ldots$
$= 0{,}\overline{428571}$

5. Die gesuchte Zahl sei x.

$$(65{,}734 + 9{,}53) : x = 5{,}85 - 2{,}01$$
$$75{,}264 : x = 3{,}84$$
$$x = 75{,}264 : 3{,}84$$
$$x = 19{,}6$$

Die Zahl heißt 19,6.

6. a) $\frac{3}{40} = \frac{75}{1000} = 0{,}075$

b) $\frac{2}{11} = 0{,}1818... = 0{,}\overline{18}$

NR: $2 : 11 = 0{,}1818...$
20
11
 90
 88
  20...

c) $11 : 6 = 1\frac{5}{6} = 1{,}8333... = 1{,}8\overline{3}$

NR: $5 : 6 = 0{,}8333...$
50
48
 20
 18
  20...

Aufgabe 19

1. a) Soll ein Bruch in % angegeben werden, ist es sinnvoll, diesen zunächst in einen Dezimalbruch zu verwandeln und dann eine Kommaverschiebung vorzunehmen.

$\frac{3}{8} = 0{,}375 = 37{,}5\ \%$

b) $2{,}5\ \% = \frac{2{,}5}{100} = \frac{25}{1000} = \frac{1}{40}$

2. a) 80 % von 46 kg = 0,8 · 46 kg = 36,8 kg

b) 120 % von G sind 4,8 km ⇒
1,2 · G = 4,8 km ⇒ G = 4,8 km : 1,2 = 4 km

c) Gesamtzahl der Schüler: 12 + 18 = 30

Anteil der Jungen: $\frac{18}{30} = \frac{3}{5} = 0,6 = 60\ \%$

3. Überschreitung der zulässigen Geschwindigkeit:

$70\frac{\text{km}}{\text{h}} - 50\frac{\text{km}}{\text{h}} = 20\frac{\text{km}}{\text{h}}.$

Überschreitung in %: $\frac{20}{50} = \frac{2}{5} = 0,4 = 40\ \%$

4. a) Rechnungsbetrag abzüglich 2 % Skonto:

98 % von 206,11 DM = 0,98 · 206,11 DM = 201,988 DM = 201,99 DM

oder:

2 % von 206,11 DM = 0,02 · 206,11 DM = 4,12 DM

⇒ Rechnungsbetrag abzüglich 2 % Skonto:
206,11 DM – 4,12 DM = 201,99 DM

b) Nettobetrag + Mehrwertsteuer = Rechnungsbetrag

⇒ 100 % + 15 % = 115 %

⇒ 115 % von G sind 206,11 DM

⇒ 1,15 · G = 206,11 DM

⇒ G = 206,11 DM : 1,15 = 179,226 DM

⇒ Nettobetrag G = 179,23 DM

5. Die Menge aller täglichen produzierten Fernseher stellt den Grundwert dar. 4 % der produzierten Fernseher sind defekt, also sind 96 % intakt.
96 % von G sind 4 032 ⇒ 0,96 · G = 4 032 ⇒ G = 4 032 : 0,96 = 4 200
4 200 Fernseher werden täglich produziert, 4 200 – 4 032 = 168 Fernseher sind davon defekt.

6.

Volumen des Würfels:	$V_W = 20\text{ cm} \cdot 20\text{ cm} \cdot 20\text{ cm} = 8\,000\text{ cm}^3$.
Neue Kantenlängen:	0,8 · 20 cm = 16 cm bzw.
	1,1 · 20 cm = 22 cm.
Volumen des Quaders:	$V_Q = 16\text{ cm} \cdot 22\text{ cm} \cdot 22\text{ cm} = 7\,744\text{ cm}^3$
Unterschied der Volumina:	$V_W - V_Q = 256\text{ cm}^3$

Unterschied in %: (Das Volumen des Würfels ist der Grundwert):

$$\frac{V_W - V_Q}{V_W} = \frac{256}{8\,000} = \frac{0,256}{8} = 0,032 = 3,2\ \%$$

Das Volumen des Quaders ist um 3,2 % kleiner als das Volumen des Würfels.

Aufgabe 20

1. a) $\frac{34}{40} = \frac{3,4}{4} = 0,85 = 85\ \%$

b) 0,035 = 3,5 %

2. a) $4,5\ \% = \frac{4,5}{100} = \frac{45}{1000} = \frac{9}{200}$

b) $4\frac{1}{6}\ \% = \frac{25}{6}\% = \frac{25}{600} = \frac{1}{24}$

3. a) Grundwert ist das Geld von Katrin, also 7,50 DM.

$\text{Prozentsatz} = \frac{\text{Prozentwert}}{\text{Grundwert}} = \frac{1,50\ \text{DM}}{7,50\ \text{DM}} = \frac{1}{5} = 20\ \%$

b) Grundwert ist jetzt das Geld von Robert.

$\text{Prozentsatz} = \frac{1,50\ \text{DM}}{4,50\ \text{DM}} = \frac{1}{3} = 33\frac{1}{3}\ \%$

4. a) Taschengeld nach der ersten Erhöhung:

$112\frac{1}{2}\ \%$ von 40 DM = 1,125 · 40 DM = 45 DM.

Taschengeld nach der zweiten Erhöhung:

120 % von 45 DM = 1,2 · 45 DM = 54 DM.

Da die Schüler ohne Taschenrechner rechnen müssen, ist es etwas günstiger nur die Erhöhungen zu berechnen.

1. Erhöhung: $12\frac{1}{2}\%$von 40 DM $= \frac{1}{8} \cdot 40$ DM = 5 DM.

2. Erhöhung: 20 % von 45 DM $= \frac{1}{5} \cdot 45$ DM = 9 DM.

Neues Taschengeld: 45 DM + 9 DM = 54 DM.

b) Grundwert ist die Gesamtzahl der produzierten Schrauben.

$1{,}5\ \%$ von $G = 150 \Rightarrow 0{,}015 \cdot G = 150$
$\Rightarrow G = 150 : 0{,}015 = 150\,000 : 15 = 10\,000$

Es werden 10 000 Schrauben hergestellt.

c) Grundwert ist die Anzahl der Platten, die bestellt werden müssen. 4 % sind Bruch, also sind 96 % in Ordnung.

$96\ \%$ von $G = 240 \Rightarrow 0{,}96 \cdot G = 240$
$\Rightarrow G = 240 : 0{,}96 = 24\,000 : 96 = 250$

Sie muß 250 Platten bestellen.

5. a) Nettobetrag in % $= \dfrac{4\,000 - 460}{4\,000} = \dfrac{3\,540}{4\,000} = 3{,}54 : 4 = 0{,}885 = 88{,}5\ \%$

b) 8 % von 460 DM = 0,08 · 460 DM = 36,80 DM

6. a) Mehrbetrag für Julia:
(600 DM + 150 DM · 10) – 1 800 DM = 300 DM.
Mehrbetrag in %: $\dfrac{300}{1800} = \dfrac{1}{6} = 16{,}7\ \%$

b) Die Berechnung der Tage erfolgt nach der Zinsformel, wobei nach a die Zinsen mit 300 DM festgelegt sind.

$$Z = \frac{K \cdot p \cdot t}{100 \cdot 360} \Rightarrow t = \frac{Z \cdot 100 \cdot 360}{K \cdot p}$$

$$\Rightarrow t = \frac{300 \cdot 100 \cdot 360}{1200} \cdot 9 = 1000$$

Nach 1 000 Tagen müßte Julia alles zurückzahlen.

c) Es gibt mehrere gleichwertige Ratschläge.
Erste Möglichkeit: Nach b ist die monatliche Belastung viel geringer als in a. Deshalb ist b vorzuziehen.

Oder:
Wenn nach a pro Monat 150 DM zurückgezahlt werden können, ist es möglich nach 8 Monaten das Moped ohne Fremdfinanzierung zu bezahlen.

Aufgabe 21

1. a) $12,5\,\% = \frac{12,5}{100} = \frac{125}{1000} = \frac{1}{8}$

Spezielle Prozentwerte, wie diesen, sollten Schüler ohne Zwischenschritte in einen gewöhnlichen Bruch umwandeln können.

b) $3,5\,\% = \frac{3,5}{100} = \frac{35}{1000} = 0,035$

2. a) 0,30506 = 30,506 %

b) $\frac{18}{40} = 0,45 = 45\,\%$

c) $1\frac{1}{2} = 1,5 = 150\,\%$

3. a) Die Berechnung erfolgt mit der Zinsformel:

$$Z = \frac{K \cdot p \cdot t}{100 \cdot 360} = \frac{4\,000 \cdot 4,5 \cdot 90}{100 \cdot 360} = \frac{40 \cdot 4,5 \cdot 1}{4}$$

Z = 45 DM

b) 106,5 % von G sind 3 195 DM ⇒

1,065 · G = 3 195 DM ⇒

G = 3 195 DM : 1,065 = 3 195 000 DM : 1 065 =

G = 3 000 DM

c) Nach der Zinsformel gilt:

$$t = \frac{Z \cdot 100 \cdot 360}{K \cdot p} = \frac{420 \cdot 100 \cdot 360}{18000 \cdot 10,5} = \frac{40 \cdot 100 \cdot 1}{50 \cdot 1} = 80$$

Bis zum 1. Juni sind 74 Tage vergangen, da für die Zinsformel der Monat zu 30 Tagen gerechnet wird. Am 6. Juni wird deshalb der Kredit zurückbezahlt.

4. x sei die ursprüngliche Miete.

$$0,15 \cdot x = 95,40$$
$$x = 95,40 : 0,15$$
$$x = 636$$

Die ursprüngliche Miete betrug 636 DM, die neue Miete beträgt 731,40 DM.

5. Die Mehrwertsteuer beträgt 15 % von 455,50 DM = 0,15 · 455,50 DM = 68,325 DM = 68,33 DM.
Der Rechnungsbetrag ist: 455,50 DM + 68,33 DM = 523,83 DM
2 % Skonto = 0,02 · 523,83 DM = 10,48 DM
Zu bezahlender Betrag = Rechnungsbetrag – Skonto =
523,83 DM – 10,48 DM = 513,35 DM

6. Die Größen "Preis für 1 ℓ Benzin" und "Anzahl der ℓ Benzin" sind zueinander umgekehrt proportional, also sind zugeordnete Wertepaare produktgleich.
x sei die Anzahl der ℓ Benzin, die man für das gleiche Geld im Ausland bekommt.
$55 \cdot 1{,}55 = x \cdot 1{,}25$

$$x = \frac{55 \cdot 1{,}55}{1{,}25} = \frac{11 \cdot 31}{5} = \frac{341}{5}$$

$$x = 68{,}2$$

Man bekommt 68,2 ℓ Benzin.

Aufgabe 22

1. a) $1{,}74 : 2{,}2 = 1{,}74 : 2{,}20 = 174 : 220 = \frac{174}{220} = \frac{87}{110}$

b) $0{,}379\ 379 = 0{,}\overline{379} = \frac{379}{999}$

c) $0{,}6\bar{3} = \frac{1}{10} \cdot 6{,}\bar{3} = \frac{1}{10} \cdot 6\frac{1}{3} = \frac{19}{30}$

2. a) $0{,}\overline{25} = \frac{25}{99} \qquad 0{,}25 = \frac{25}{100}$

$\frac{25}{99} = \frac{2\,500}{9\,900} \quad \frac{25}{100} = \frac{2\,475}{9\,900} \Rightarrow \frac{2\,480}{9\,900} = \frac{248}{990} = \frac{124}{495}$ ist eine solche Zahl.

Weitere solche Zahlen z. B. alle Brüche zwischen $\frac{2\,475}{9\,900}$ und $\frac{2\,500}{9\,900}$.

b) (1) $\frac{9,6 \cdot 14,3}{0,26} - 0,\overline{54} : \frac{3}{11} = \frac{96 \cdot 143}{26} - \frac{54 \cdot 11}{99 \cdot 3} =$

$= \frac{96 \cdot 11}{2} - \frac{18 \cdot 1}{9 \cdot 1} = 48 \cdot 11 - 2 = 528 - 2 = 526$

(2) $\frac{1,96 \cdot 1,8 \cdot 24}{1,4 \cdot 6,3 \cdot 0,32 \cdot 2,5} = \frac{196 \cdot 18 \cdot 24 \cdot 100}{14 \cdot 63 \cdot 32 \cdot 25} =$

$= \frac{14 \cdot 2 \cdot 3 \cdot 4}{1 \cdot 7 \cdot 4 \cdot 1} = 12$

3. a) $2\frac{\text{m}}{\text{s}} = 2 \cdot \frac{\frac{1}{1000}\text{ km}}{\frac{1}{3600}\text{ h}} = \frac{2 \cdot 3600}{1000}\frac{\text{km}}{\text{h}} = \frac{72}{10}\frac{\text{km}}{\text{h}} = 7,2\frac{\text{km}}{\text{h}}$

b) Gefliest werden fünf Flächen.

$O = a \cdot b + 2 \cdot a \cdot c + 2 \cdot b \cdot c = 9 \cdot 4,5\text{ m}^2 + 2 \cdot 9 \cdot 1,8\text{ m}^2 + 2 \cdot 4,5 \cdot 1,8\text{ m}^2 =$

$= 40,5\text{ m}^2 + 32,4\text{ m}^2 + 16,2\text{ m}^2 = 89,1\text{ m}^2$

$89,1\text{ m}^2 : 4,5\text{ m}^2 =$

$891 : 45 = 19,8$

```
45
441
405
 360
 360
  –
```

Es werden 20 Packungen Fliesen benötigt.

4. a) (1) $\frac{1}{3} = 33,33...\,\% = 33,\overline{3}\,\%$

(2) $\frac{7}{8} = 0,875 = 87,5\,\%$

(3) $\frac{5}{4} = 1,25 = 125\,\%$

b) (1) 0,5 % von 6 km $= \frac{5}{1000}$ von 6000 m $= \frac{4 \cdot 6000\text{ m}}{1000} = 30$ m

(2) 140 % von 14 kg $= \frac{140}{100}$ von 14 kg $= \frac{14 \cdot 14\text{ kg}}{10} = \frac{196}{10}$ kg $= 19,6$ kg

5. a) Die Schuhe kosten noch 60 % des ursprünglichen Preises x.

$$\frac{60}{100} \cdot x = 114$$

$$x = 114 : \frac{60}{100}$$

$$x = \frac{114 \cdot 100}{60}$$

$$x = 190$$

Der ursprüngliche Preis betrug 190 DM.

b) $$\frac{560 - 364}{560} \cdot 100\ \% = \frac{196}{560} \cdot 100\ \% = \frac{196 \cdot 100\ \%}{560} = \frac{7 \cdot 100\ \%}{20} = 35\ \%$$

Der Anteil der Mädchen beträgt 35 %.

6. Zwischenpreis y = Preis vor der Erhöhung von 20 % auf 120 %:

$$\frac{120}{100} \cdot y = 78120 \text{ DM}$$

$$y = 78120 \text{ DM} : \frac{120}{100}$$

$$y = \frac{78120 \text{ DM} \cdot 5}{6}$$

$$y = 65100 \text{ DM}$$

Ursprünglicher Preis x = Preis vor der Erhöhung um 5 % auf 105 %:

$$\frac{105}{100} \cdot x = 65100 \text{ DM}$$

$$x = 65100 \text{ DM} : \frac{105}{100}$$

$$x = \frac{65100 \text{ DM} \cdot 100}{105}$$

$$x = 62\,000 \text{ DM}$$

Der ursprüngliche Preis des Bauplatzes war 62 000 DM.

Aufgabe 23

1. a) $\frac{111}{1\,250} = 111 : 1\,250 = 0{,}0888$

b) $\frac{63}{225} = \frac{7}{25} = \frac{28}{100} = 0{,}28$

c) $\frac{101}{1111} = 101 : 1111 = 0{,}090909\ldots = 0{,}\overline{09}$

2. a) $0{,}0875 = \frac{875}{10\,000} = \frac{7}{80}$

b) $0{,}\overline{074} = \frac{74}{999} = \frac{2}{27}$

c) $0{,}3\overline{6} = \frac{1}{10} \cdot 3\frac{6}{9} = \frac{1}{10} \cdot \frac{33}{9} = \frac{33}{90} = \frac{11}{30}$

3. a) $0{,}\overline{5} \cdot 0{,}6 + 0{,}\overline{7} \cdot 1\frac{6}{21} - 0{,}125 : 0{,}75 =$

$= \frac{5}{9} \cdot \frac{3}{5} + \frac{7}{9} \cdot \frac{27}{21} - \frac{1}{8} : \frac{3}{4} = \frac{5 \cdot 3}{9 \cdot 5} + \frac{7 \cdot 27}{9 \cdot 21} - \frac{1 \cdot 4}{8 \cdot 3} =$

$= \frac{1}{3} + 1 - \frac{1}{6} = \frac{2}{6} + 1 - \frac{1}{6} = 1\frac{1}{6}$

b) $\left(7\frac{4}{5} : 7{,}15\right) \cdot \frac{11}{12} = \left(7\frac{4}{5} : 7\frac{3}{20}\right) \cdot \frac{11}{12} =$

$= \frac{39 \cdot 20 \cdot 11}{5 \cdot 143 \cdot 12} = \frac{3 \cdot 5 \cdot 11}{5 \cdot 11 \cdot 3} = 1$

4. a) $\frac{1}{6} \frac{\text{m}}{\text{min}} = \frac{1}{6} \cdot \frac{\frac{1}{1\,000}\,\text{km}}{\frac{1}{60}\,\text{h}} = \frac{1 \cdot 60}{6 \cdot 1000} \frac{\text{km}}{\text{h}} = \frac{1}{100} \frac{\text{km}}{\text{h}} = 0{,}01 \frac{\text{km}}{\text{h}}$

b) $25{,}2 \frac{\text{m}}{\text{h}} = 25{,}2 \frac{100\ \text{cm}}{3600\ \text{s}} = \frac{25{,}2 \cdot 100}{3600} \frac{\text{cm}}{\text{s}} = 0{,}7 \frac{\text{cm}}{\text{s}}$

5. 1 247 : 0,29 = 4 300
Er bekommt für 1 247 DM 4 300 FF.
Er hat noch 4 300 FF – 1 850 FF = 2 450 FF, die er in italienische Lire umtauscht.

2 450 : 3,5 = 700
Er bekommt 700 000 italienische Lire.

1 850 · 0,29 = 536,5
Für 1 850 FF müßte er 536,50 DM ausgeben.
Rest: 1 247 DM – 536,5 DM = 710,50 DM

710,50 : 1,10 = 645,909

⇒ Bei dem Tausch in Deutschland bekäme er 645 909 italienische Lire, d. h. es wäre ein schlechter Tausch.

6. a) $\frac{1,20 - 12,60 : 12}{1,20} \cdot 100\,\% = \frac{1,20 - 1,05}{1,20} \cdot 100\,\% = \frac{0,15}{1,20} \cdot 100\,\% = 12,5\,\%$

Eine Fahrt mit der Streifenkarte ist um 12,5 % billiger.

b) Preis des Grundstücks: x DM

$$\frac{1,4}{100} \cdot x = 826$$

$$\frac{14}{1000} \cdot x = 826$$

$$x = 826 : \frac{14}{1000}$$

$$x = \frac{826 \cdot 1000}{14}$$

$$x = 59\,000$$

Das Grundstück kostete 59 000 DM.

Aufgabe 24

1. a) $7\frac{13}{20} = 7\frac{65}{100} = 7,65$

b) $\frac{47}{250} = \frac{188}{1000} = 0,188$

c) $\frac{9}{37} = 9 : 37 = 0,243243\ldots = 0,\overline{243}$

2. a) $9,0825 = 9\frac{825}{10\,000} = 9\frac{33}{400}$

b) $0,\overline{5} = \frac{5}{9}$

c) $0,5\overline{3} = \frac{1}{10} \cdot 5,\overline{3} = \frac{1}{10} \cdot 5\frac{1}{3} = \frac{1}{10} \cdot \frac{16}{3} = \frac{16}{30} = \frac{8}{15}$

3. a) $0,0135 = 1,35\ \%$

b) $1\frac{1}{4} = 1,25 = 125\ \%$

c) $\frac{36}{625} = \frac{36 \cdot 16}{625 \cdot 16} = \frac{576}{10\,000} = 0,0576 = 5,76\ \%$

4. $0,8 : \frac{2}{5} + 0,\overline{7} \cdot \frac{27}{5} - \frac{4}{25} : 0,05 =$

$= \frac{4}{5} : \frac{2}{5} + \frac{7}{9} \cdot \frac{27}{5} - \frac{4}{25} : \frac{1}{20} = \frac{4 \cdot 5}{5 \cdot 2} + \frac{7 \cdot 27}{9 \cdot 5} - \frac{4 \cdot 20}{25} =$

$= 2 + \frac{21}{5} - \frac{16}{5} = 3$

5. a) $25\frac{\text{m}}{\text{s}} = 25 \cdot \frac{\frac{1}{1000}\,\text{km}}{\frac{1}{3600}\,\text{s}} = \frac{25 \cdot 3600}{1000}\frac{\text{km}}{\text{h}} = 90\frac{\text{km}}{\text{h}}$

b) Weg s = Geschwindigkeit · Zeit

$= 25\frac{\text{m}}{\text{s}} \cdot 3,2 \cdot 60\ \text{s} = 4\,800\ \text{m} = 4,8\ \text{km}$

c) 120 : 1,6 = 1 200 : 16 = 75
Die Geldbuße ergibt umgerechnet 75 Dollar.

6. Es wird in DM gerechnet.

$$(180 \cdot 2,4 + 64,40 + 100) : \left(180 \cdot \frac{14}{15}\right) =$$
$$= (432 + 64,40 + 100) : 168 =$$
$$= 596,4 : 168 = 3,55$$

Er muß 1 kg Trauben für 3,55 DM verkaufen.

Aufgabe 25

1. a) Zugehörige Wertepaare einer direkten Proportionalität sind quotientengleich.

$$\frac{y_1}{2} = \frac{10,2}{6} \quad \Rightarrow \quad y_1 = \frac{2 \cdot 10,2}{6} = 3,4$$
$$\frac{y_2}{10} = \frac{10,2}{6} = 1,7 \quad \Rightarrow \quad y_2 = 17$$
$$\frac{x_1}{23,8} = \frac{6}{10,2} \quad \Rightarrow \quad x_1 = \frac{6 \cdot 23,8}{10,2} = 14$$

b) Da der Graph einer direkten Proportionalität einer Ursprungsgerade ist, genügt es, ein Wertepaar einzutragen.

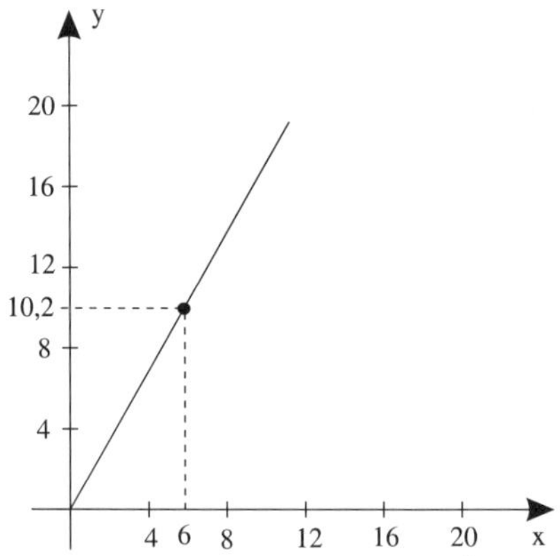

2. Die Größen "Anzahl der Stufen" und "Höhe der Stufe in cm" sind umgekehrt proportional, also sind zugehörige Wertepaare produktgleich, wobei das

Produkt die Höhe der Treppe darstellt. x sei die Anzahl der Stufen der kleineren Treppe.

$54 \cdot 14 = x \cdot 18$

$$x = \frac{54 \cdot 14}{18} = 42$$

Die kleinere Treppe besitzt 42 Stufen.

3. Es gibt zwei Möglichkeiten zur Volumenberechnung: additiv oder subtraktiv. Sinnvoll ist es, zunächst in der Einheit dm zu rechnen.

1. Möglichkeit (additiv):

$V = 3\text{ dm} \cdot 8\text{ dm} \cdot 1\text{ dm} + 4\text{ dm} \cdot 3\text{ dm} \cdot 1\text{ dm} =$

$= 24\text{ dm}^3 + 12\text{ dm}^3 = 36\text{ dm}^3 = 0,036\text{ m}^3$

2. Möglichkeit (subtraktiv):

$V = 3\text{ dm} \cdot 8\text{ dm} \cdot 2\text{ dm} - 3\text{ dm} \cdot 4\text{ dm} \cdot 1\text{ dm} =$

$= 48\text{ dm}^3 - 12\text{ dm}^3 = 36\text{ dm}^3 = 0,036\text{ m}^3$

4. Die Oberfläche eines Würfels besteht aus 6 gleichen Quadraten.

Quadratfläche = $3,84\text{ dm}^2 : 6 = 384\text{ cm}^2 : 6 = 64\text{ cm}^2$

$\Rightarrow$ Quadratseite = Kantenlänge s = 8 cm.

Aus der Kantenlänge s = 8 cm läßt sich das Volumen des Würfels bestimmen.

$V_W = s^3 = 8\text{ cm} \cdot 8\text{ cm} \cdot 8\text{ cm} = 512\text{ cm}^3$

Masse des Würfels = $512 \cdot 11\text{ g} = 5\,632\text{ g} = 5,632\text{ kg}$

5. a)
b)
c)

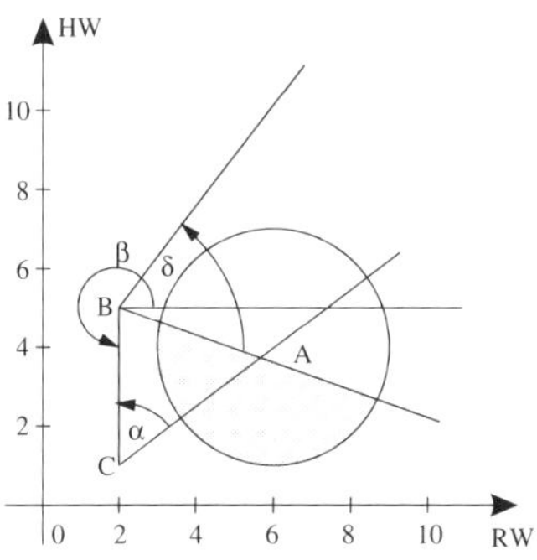

Die Punktmenge zu c ist gerastert (Rand gehört nicht dazu)

Beim Einzeichnen der Winkel ist zu berücksichtigen, daß der positive mathematische Drehsinn entgegen dem Uhrzeigerdrehsinn ist und daß folgende Bezeichnung gilt:

$\sphericalangle$ ACB

- B: 2. Schenkel des Winkels
- C: Scheitel
- A: 1. Schenkel des Winkels

$\alpha = 55^\circ$

$\beta = 360^\circ - 76^\circ = 284^\circ$

d) $\varepsilon = 36^\circ + (0{,}04 \cdot 60)' = 36^\circ + 2{,}4' = 36^\circ\ 2' + (0{,}4 \cdot 60)'' = 36^\circ\ 2'\ 24''$

6. Alle Punkte, die von M mehr als 2,0 cm und von N weniger als 1,5 cm entfernt sind, liegen im schraffierten Gebiet.

Aufgabe 26

1. Kennzeichen sind:

a) dem 2-, 3-, ..., k-fachen einer Größe entspricht das 2-, 3-, ..., k-fache der anderen Größe;

b) zugeordnete Wertepaare sind quotientengleich,

c) der Graph ist eine Ursprungsgerade.

2. a) Wird die Anzahl der Stufen auf das 2-, 3-, ..., k-fache erhöht, so vergrößert sich der überwundene Höhenunterschied ebenfalls auf das 2-, 3-, ..., k-fache.

b) Der Proportionalitätsfaktor ergibt sich aus dem Quotienten

$\frac{\text{Überwundener Höhenunterschied}}{\text{Anzahl der Stufen}}$ eines gegebenen Wertepaares.

$$m = \frac{52}{325} = \frac{4}{25}$$

c)

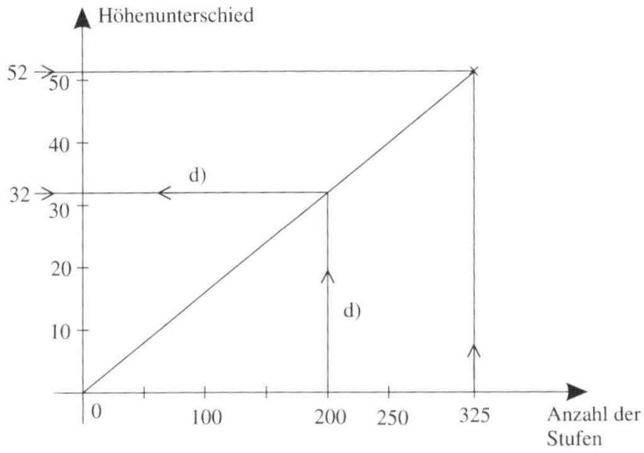

d) Sie x die Höhe der Plattform in m.

$$\frac{x}{200} = \frac{4}{25} \Rightarrow x = \frac{4 \cdot 200}{25} = 32$$

Die Plattform liegt 32 m hoch.
(Auch im Graphen abzulesen!)

3. a) α) $4{,}07\ dm^3 = 4\,070\ cm^3$
b) $32{,}65\ hl = 3{,}265\ m^3$

b) $\left(6\frac{3}{5}\ m - 4\ dm\right) \cdot 2\,600\ cm^2 + 8\ dm^3 =$
$= (6{,}6\ m - 4\ dm) \cdot 26\ dm^2 + 8\ dm^3 =$
$= 62\ dm \cdot 26\ dm^2 + 8\ dm^3 = 1\,612\ dm^3 + 8\ dm^3 =$
$= 1\,620\ dm^3 = 1{,}62\ m^3$

4. Das Volumen des Körpers setzt sich aus drei quaderförmigen Volumina zusammen.
$V = 2 \cdot 5\ cm \cdot 4\ cm \cdot 1\ cm + 2\ cm \cdot 2\ cm \cdot 2{,}5\ cm =$
$= 40\ cm^3 + 10\ cm^3 = 50\ cm^3$

Bei der Berechnung der Oberfläche ist zu beachten, daß die Auflageflächen des Mittelstücks nicht zur Oberfläche gehören.

Oberfläche =

$2 \cdot [2 \cdot (1\ cm \cdot 5\ cm + 4\ cm \cdot 1\ cm + 5\ cm \cdot 4\ cm) - 2\ cm \cdot 2\ cm] +$

$+ 4 \cdot 2\ cm \cdot 2{,}5\ cm = 2 \cdot [58\ cm^2 - 4\ cm^2] + 20\ cm^2 = 128\ cm^2$

5. a) Der große Zeiger steht auf der Sechs, der kleine zwischen der Acht und der Neun. Der Winkel zwischen zwei Ziffern der Uhr beträgt 30°, also beträgt der gesuchte Winkel 60° + 15° = 75°.

b) Der kleine Zeiger der Uhr überstreicht dabei z. B. das Winkelfeld von der Zwölf bis zur Mitte zwischen Acht und Neun. Der gesuchte Winkel ist deshalb 180° + 60° + 15° = 255°, oder 270° – 15° = 255°.

6 a)
b)

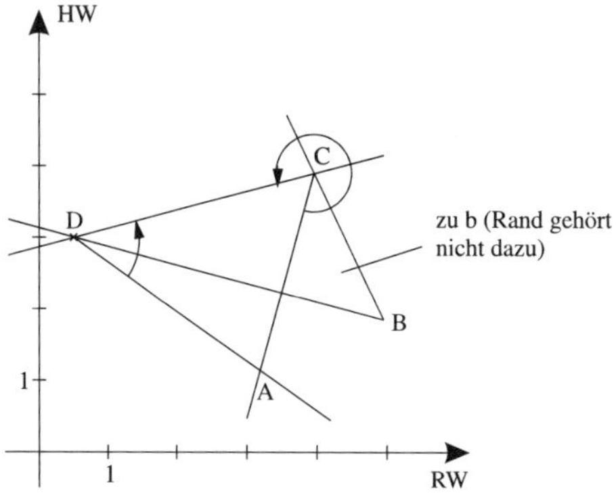

Drehsinn der Winkel ist zu beachten.

b) ∢ ACD = 360° – 51° = 309° (überstumpf)
∢ ADC = 46° (spitz)
∢ CBD = 44° (spitz)

Aufgabe 27

1. a) Die fehlenden Werte lassen sich über quotientengleiche Zahlenpaare berechnen.

$$\frac{y_1}{1,5} = \frac{12,1}{0,5} \quad \Rightarrow \quad y_1 = \frac{12,1 \cdot 1,5}{0,5} = 36,3$$

$$\frac{x_1}{60,5} = \frac{0,5}{12,1} \quad \Rightarrow \quad x_1 = \frac{0,5 \cdot 60,5}{12,1} = 2,5$$

$$\frac{x_2}{121} = \frac{0,5}{12,1} \quad \Rightarrow \quad x_2 = \frac{0,5 \cdot 121}{12,1} = 5$$

Eine weitere Möglichkeit besteht dazu, zu erkennen, daß $y_1 = 3 \cdot 12{,}1 = 36{,}3$, da der zugehörige x-Wert von y_1 das 3fache des x-Wertes von 12,1 ist.
Analog ergibt sich: $x_1 = 0{,}5 \cdot 5 = 2{,}5$ und $x_2 = 2{,}5 \cdot 2 = 5$
Der Proportionalitätsfaktor m ist der Quotient $\frac{y}{x}$ eines Wertpaares.

$$m = \frac{12{,}1}{0{,}5} = 24{,}2$$

Zuordnungsvorschrift: $x \mapsto y = 24{,}2 \cdot x$

b) Bei gleicher Strecke sind Geschwindigkeit und Zeit umgekehrt proportional zueinander, also braucht der Mopedfahrer die Hälfte der Zeit der Radfahrerin, $\frac{x_2}{2} = 2{,}5$ h.

2. a) x sei die Anzahl der Tage, bis die Halle fertig ist. Es wird angenommen, daß die Gesamtarbeitszeit, um die Halle zu streichen, konstant ist, daß also die Arbeitsleistung aller Maler gleich ist.
$6 \cdot 6 \cdot 14 = 4 \cdot 7 \cdot x \Rightarrow x = 18$
Es dauert 18 Tage bis die Halle fertig ist, wenn nur 4 Maler arbeiten.

b) y sei die Anzahl der Maler.
$6 \cdot 6 \cdot 14 = 1 \cdot y$
$y = 504$

504 Maler stehen normalerweise nicht zur Verfügung und sie würden sich außerdem nur gegenseitig beim Malen behindern.

3. Notwendig ist es zu einer gemeinsamen Einheit überzugehen z. B. dm bzw. dm^3.
$2{,}3\ h\ell : 20 - 26\ m\ell \cdot 80 + (0{,}7\ m - 4\ dm) \cdot 20\ cm^2 =$
$230\ dm^3 : 20 - 2\,080\ m\ell + (7\ dm - 4\ dm) \cdot 0{,}2\ dm^2 =$
$= 11{,}5\ dm^3 - 2{,}08\ dm^3 + 0{,}6\ dm^3 = 10{,}02\ dm^3$

4. a) $V = \ell \cdot b \cdot h = 20\ m \cdot 8{,}5\ m \cdot 0{,}8\ m = 136\ m^3$

b) Entnommenes Wasservolumen nach 20 Minuten:
$V_e = 5\ \ell \cdot 20 \cdot 60 = 6\,000\ \ell = 6\ m^3$
Neues Wasservolumen im Teich: $136\ m^3 - 6\ m^3 = 130\ m^3$

$$V = \ell \cdot b \cdot h_{neu} \Rightarrow h_{neu} = \frac{V}{\ell \cdot b} = \frac{130\ m^3}{20\ m \cdot 8,5\ m}$$

$$h_{neu} = \frac{130\ m^3}{170\ m^2} \approx 0,76\ m$$

Das Wasser steht noch 76 cm hoch.

5. a)
b)
c)

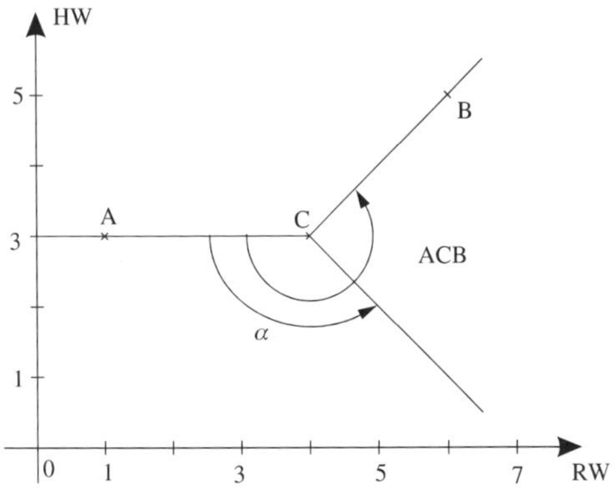

∢ ACB = 360° – 135° = 225°
Zu beachten ist der Drehsinn der Winkel.

6. Da der Winkel zwischen zwei Ziffern einer Uhr gerade 30° beträgt, muß der kleine Zeiger in der Mitte zwischen zehn und elf stehen. Es ist also halb elf.
2. Lösung: Es ist halb zwei (aus Symmetrie).

Aufgabe 28

1. $84{,}81\ dm^3 + 0{,}356\ m^3 - 4{,}021\ h\ell + 3\,188\ cm^3 =$
$= 84{,}810\ dm^3 + 356\ dm^3 - 402{,}100\ dm^3 + 3{,}188\ dm^3 = 41{,}898\ dm^3$

2. a) $11\ \%$ von $550\ DM = \frac{11}{100} \cdot 550\ DM = 60,50\ DM$

b) $1\frac{11}{20} = 1\frac{55}{100} = 1,55 = 155\ \%$

c) $10\,\% \text{ von } 10\,\% = \frac{1}{10} \text{ von } 10\,\% = 1\,\%$

3. $x \mapsto 9 - x\,;\quad x \in \{2; 4; 6; 8\}$
Paarmenge: $\{(2 \mid 7); (4 \mid 5), (6 \mid 3); (8 \mid 1)\}$
Gitternetz:

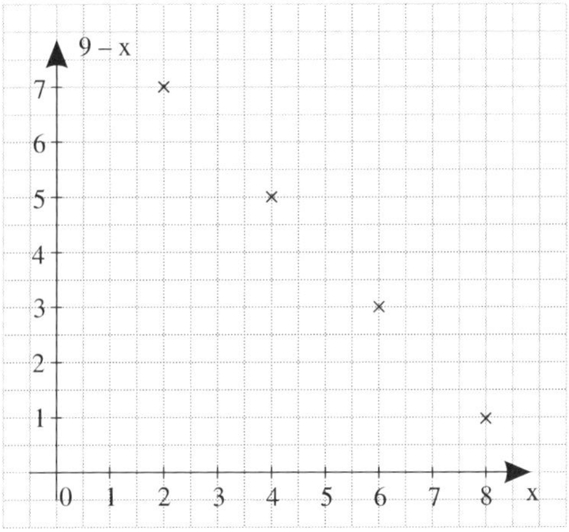

4. a) $\frac{6}{7\frac{1}{2}} \cdot 100\,\% = \frac{6 \cdot 2 \cdot 100}{15}\,\% = 80\,\%$

Der Anteil des Mehls im Brot beträgt 80 %.

b) $7\frac{1}{2}$ kg Brot aus 6 kg Mehl

1 kg Brot aus $6 \text{ kg} : 7\frac{1}{2}$ Mehl

40 kg Brot aus $\frac{6 \cdot 2 \cdot 40}{15} = 32$ kg Mehl

oder:

$80\,\% \text{ von } 40 \text{ kg} = \frac{80}{100} \cdot 40 \text{ kg} = 32 \text{ kg Mehl}$

Man benötigt für 40 kg Brot 32 kg Mehl.

c) 6 kg Mehl zu $7\frac{1}{2}$ kg Brot

1 kg Mehl zu $7\frac{1}{2} : 6$ Brot

28 kg Mehl zu $\left(7\frac{1}{2}\text{ kg} : 6\right) \cdot 28 = \frac{15 \cdot 28}{2 \cdot 6} = 35$ kg Brot

Aus 28 kg Mehl bekommt man 35 kg Brot.

oder:

$$\frac{7\frac{1}{2}}{6} = \frac{x}{28} \Rightarrow x = \frac{15 \cdot 28}{2 \cdot 6} = 35 \text{ kg}$$

5. Der Heizölvorrat bleibt konstant, d. h. 90 · 17 = 1 530 Brennstunden.

a) Anzahl der Tage sei x: $15 \cdot x = 1530$

$x = 1530 : 15$

$x = 102$

Der Vorrat reicht 102 Tage.

b) Brenndauer sei y: $85 \cdot y = 1530$

$y = 1530 : 85$

$y = 18$

Die tägliche Brenndauer müßte 18 Stunden betragen.

6. Es bleiben noch 33 · 10 = 330 "Arbeitstage" übrig, die von jetzt 30 Arbeitern erledigt werden müssen.

$30 \cdot x = 330$

$x = 330 : 30$

$x = 11$

Die Arbeit dauert noch 11 Tage, d. h. insgesamt 19 Tage.

Aufgabe 29

1. a) $0,\overline{72} - 0,72 = \frac{72}{99} - \frac{72}{100} = \frac{7200}{9900} - \frac{7128}{9900} = \frac{8}{1100} = \frac{2}{275}$

b) $\frac{8\frac{1}{2}}{178,5} \cdot 100\ \% = \frac{8,5 \cdot 100}{178,5}\ \% = \frac{850}{178,5}\ \% = 4,7619...\ \% \approx 4,76\ \%$

c) $7\frac{1}{2}\ \%$ von $60\ \% = \frac{7,5}{100} \cdot 60\ \% = \frac{450}{100}\ \% = 4,5\ \%$

2. Berechnung mit Hilfe der Zinsformel. Gerechnet wird in DM und Tagen.

$$32\,000 \cdot \frac{4,5}{100} \cdot \frac{t}{360} = 800$$

$$\frac{320 \cdot t}{360} = 800$$

$$\frac{1\,440}{360} \cdot t = 800$$

$$4 \cdot t = 800$$

$$t = 800 : 4$$

$$t = 200$$

Das Kapital war 200 Tage angelegt.

3. a) Eine Zuordnung heißt direkte Proportionalität, wenn dem k-fachen der einen Größe das k-fache der anderen Größe entspricht.

oder:

Eine Zuordnung heißt direkte Propotionalität, wenn sie in der Form $x \mapsto m \cdot x$ mit einer festen Zahl m geschrieben werden kann.

b) Die Zahlenpaare sind quotientengleich, d. h. in $(x \mid y)$ gilt stets: $\frac{y}{x} = 2,5$.

$\frac{a}{1} = 2,5 \quad \Rightarrow \quad a = 2,5 \quad \Rightarrow \quad (1 \mid 2,5)$

$\frac{5}{b} = 2,5 \quad \Rightarrow \quad b = 2 \quad \Rightarrow \quad (2 \mid 5)$

$\frac{a}{c} = 2,5 \quad \Rightarrow \quad c = 3,6 \quad \Rightarrow \quad (3,6 \mid 9)$

c) 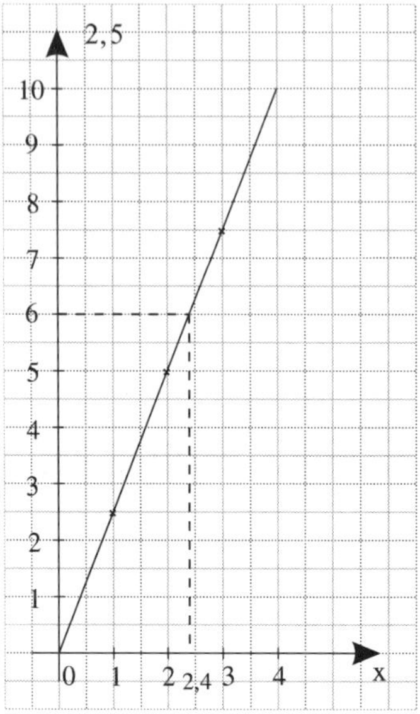

Für d in (d | 6) liest man den Wert d = 2,4 ab.

4. $V = a \cdot b \cdot c = 240 \cdot 120 \cdot 8\ cm^3 = 230\,400\ cm^3$

Gewicht = $230\,400 \cdot 0{,}8$ g = 184 320 g = 184,320 kg = 184,32 kg.

Die Platte wiegt 184,32 kg.

5. a) $\frac{45}{27} = \frac{x}{12} \Rightarrow x = \frac{45 \cdot 12}{27} = 20$

Nach 12 h sind 20 m^3 im anfänglich leeren Becken.

b) $1\ m^3 = 1\,000\ dm^3 = 1\,000\ \ell = 10\ h\ell$

$\frac{27}{450} = \frac{x}{180} \Rightarrow x = \frac{27 \cdot 180}{450} = 10{,}8$

Es dauert 10,8 h = 10 h 48 min bis 180 $h\ell$ zugeflossen sind.

c) 450 $h\ell$ in 27 h

150 $h\ell$ in 27 h : 3 = 9 h

300 $h\ell$ in 9 h · 2 = 18 h ⇒ 1. Zeit: 18 h

Rest 150 $h\ell$ bei halber Öffnung brauchen so lange wie 300 $h\ell$ bei ganzer Öffnung ⇒ 2. Zeit: 18 h

⇒ Gesamtzeit: 18 h + 18 h = 36 h

6. a) $176° - 44°\ 13' - 86°\ 48' = 176° - (44°\ 13' + 86°\ 48') =$
$= 176° - 130°\ 61' = 176° - 131°\ 1' = 175°\ 60' - 131°\ 1' = 44°\ 59'$

b) $4\,188'' = 69'\ 48'' = 1°\ 9'\ 48''$

Aufgabe 30

1. $5{,}8\ h\ell - 8{,}8\ dm^3 + 0{,}11\ m^3 - 1\,118\ cm^3 =$
$= 580\ \ell - 8{,}8\ dm^3 + 0{,}110\ m^3 - 1{,}118\ dm^3 =$
$= 580\ dm^3 - 8{,}8\ dm^3 + 110\ dm^3 - 1{,}118\ dm^3 = 680{,}082\ dm^3$

2. a) $U = 2 \cdot (a + b) = 2 \cdot (24\ cm + 12\ cm) = 2 \cdot 36\ cm = 72\ cm.$
Neu Seite $a' = 24\ cm - 2{,}4\ cm = 21{,}6\ cm$
Die Seite b muß auf $b' = 12\ cm + 2{,}4\ cm = 14{,}4\ cm$ wachsen.
Zunahme: $\frac{2{,}4}{12} \cdot 100\ \% = 20\ \%$
Die Breite muß um 20 % zunehmen.

b) $A = a \cdot b = 24 \cdot 12\ cm^2 = 288\ cm^2$
Neu Seite $a' = 21{,}6\ cm$
Neue Seite $b' = A : a' = 288 : 21{,}6 = 13\frac{1}{3}\ cm$
Zunahme: $\frac{1\frac{1}{3}}{12} \cdot 100\ \% = \frac{4 \cdot 100}{3 \cdot 12}\ \% = 11{,}11\ldots\ \% = 11{,}\bar{1}\ \% = 11\frac{1}{9}\ \%$
Die Breite muß um $11{,}\bar{1}$ % zunehmen.

3. Volumen $V = a \cdot b \cdot c = 220 \cdot 120 \cdot 12\ cm^3 = 316\,800\ cm^3$
Gewicht $= 316\,800 \cdot 2{,}8\ g = 887\,040\ g = 0{,}887040\ t \approx 0{,}887\ t$

4. a) Die Paare sind produktgleich.
$18 \cdot 2{,}5 = 15 \cdot x \Rightarrow x = \frac{18 \cdot 2{,}5}{15} = 3$
Ein Brett wird jetzt 3 cm dick.

b) $\frac{7{,}5}{120} = \frac{x}{2100} \Rightarrow x = \frac{7{,}5 \cdot 2100}{120} = 131{,}25$
Die Wasserleitung muß 131,25 min = 131 min 15 s geöffnet sein.

5. a) Differenz = 8 – 6 = 2

$$7 - a_1 = 2 \quad \Rightarrow \quad a_1 = 5 \quad \Rightarrow \quad (5 \mid 7)$$

$$a_2 - 6 = 2 \quad \Rightarrow \quad a_2 = 8 \quad \Rightarrow \quad (6 \mid 8)$$

$$a_3 - 13{,}5 = 2 \quad \Rightarrow \quad a_3 = 15{,}5 \quad \Rightarrow \quad (13{,}5 \mid 15{,}5)$$

b) Indirekte Proportionalität = produktgleiche Zahlenpaare
Produkt = 2 · 6 = 12 bleibt gleich.

$$4 \cdot b_1 = 12 \quad \Rightarrow \quad b_1 = 3 \quad \Rightarrow \quad (3 \mid 4)$$

$$2{,}4 \cdot b_2 = 12 \quad \Rightarrow \quad b_2 = 5 \quad \Rightarrow \quad (2{,}4 \mid 5)$$

$$36 \cdot b_3 = 12 \quad \Rightarrow \quad b_3 = \frac{1}{3} \quad \Rightarrow \quad \left(36 \mid \frac{1}{3}\right)$$

6. a) 100° 1' – 99° 2' = 99° 61' – 99° 2' = 59'

b)

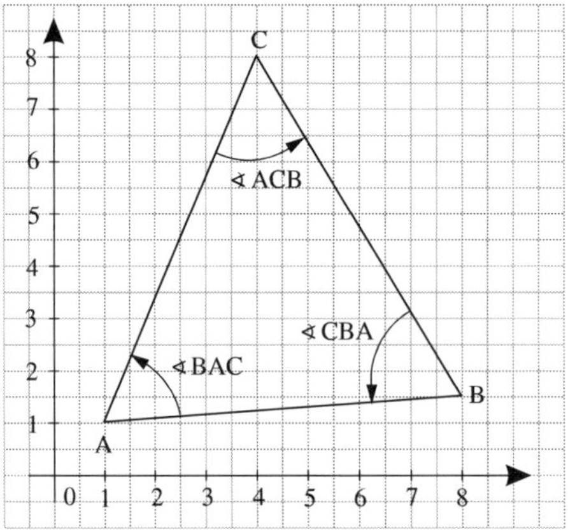

∢ BAC ≈ 63° (genauer Wert: 62,7°)
∢ CBA ≈ 62° (genauer Wert: 62,5°)
∢ ACB ≈ 55° (genauer Wert: 55,8°)

Ihre Meinung ist uns wichtig!

Ihre Anregungen sind uns immer willkommen. Bitte informieren Sie uns mit diesem Schein über Ihre Verbesserungsvorschläge!

Titel-Nr.	Seite	Vorschlag

Bitte hier abtrennen

Zutreffendes bitte ankreuzen!

Die Absenderin/der Absender ist:

- ☐ Lehrer/in in den Klassenstufen: ____
- ☐ Fachbetreuer/in
Fächer: ____
- ☐ Seminarlehrer/in
Fächer: ____
- ☐ Regierungsfachberater/in
Fächer: ____
- ☐ Oberstufenbetreuer/in
- ☐ Schulleiter/in
- ☐ Referendar/in, Termin 2. Staatsexamen: ____
- ☐ Leiter/in Lehrerbibliothek
- ☐ Leiter/in Schülerbibliothek
- ☐ Sekretariat
- ☐ Eltern
- ☐ Schüler/in, Klasse: ____
- ☐ Sonstiges: ____

Unterrichtsfächer: (Bei Lehrkräften!)

____

STARK Verlag
Postfach 1852
85318 Freising

13-V1M

Bitte ausfüllen und im frankierten Umschlag an uns einsenden. Für Fensterkuverts geeignet.

Kennen Sie Ihre Kundennummer?
Bitte hier eintragen.

Absender (Bitte in Druckbuchstaben!)

Name/Vorname

Straße/Nr.

PLZ/Ort

Telefon privat **Geburtsjahr**

E-Mail-Adresse

Schule/Schulstempel (Bitte immer angeben!)

(Bitte blättern Sie um)

Englisch

Englisch 5. Klasse	Best.-Nr. 90505
Englisch 6. Klasse	Best.-Nr. 90506
Englisch 7. Klasse	Best.-Nr. 90507
Englisch 8. Klasse	Best.-Nr. 90508
Englisch 9. Klasse	Best.-Nr. 90509
Englisch 10. Klasse	Best.-Nr. 90510
Englisch – Übertritt in die Oberstufe	Best.-Nr. 82453

Englisch Leseverstehen

Leseverstehen 5. Klasse	Best.-Nr. 90526
Leseverstehen 6. Klasse	Best.-Nr. 90525
Leseverstehen 8. Klasse	Best.-Nr. 90522
Leseverstehen 10. Klasse	Best.-Nr. 90521

Englisch Rechtschreibung

Rechtschreibung und Diktat 5. Klasse mit 3 CDs	Best.-Nr. 90531
Rechtschreibung und Diktat 6. Klasse mit CD	Best.-Nr. 90532
Englische Rechtschreibung 9./10. Klasse	Best.-Nr. 80453

Englisch Übersetzungen

Translation Practice 1 / ab 9. Klasse	Best.-Nr. 80451
Translation Practice 2 / ab 10. Klasse	Best.-Nr. 80452

Englisch Hörverstehen

Hörverstehen 5. Klasse mit CD	Best.-Nr. 90512
Hörverstehen 6. Klasse mit CD	Best.-Nr. 90511
Hörverstehen 7. Klasse mit CD	Best.-Nr. 90513
Hörverstehen 9. Klasse mit CD	Best.-Nr. 90515
Hörverstehen 10. Klasse mit CD	Best.-Nr. 80457
Hörverstehen 10. Klasse mit CD Zentrale Klassenarbeit Baden-Württemberg	Best.-Nr. 80456

Englisch Wortschatzübung

Wortschatzübung 5. Klasse mit CD	Best.-Nr. 90518
Wortschatzübung 6. Klasse mit CD	Best.-Nr. 90519
Wortschatzübung Mittelstufe	Best.-Nr. 90520

Biologie

Viel Platz für kleine Tiere	Best.-Nr. 10479

Ratgeber für Schüler

Richtig Lernen Tipps und Lernstrategien – Unterstufe	Best.-Nr. 10481
Richtig Lernen Tipps und Lernstrategien – Mittelstufe	Best.-Nr. 10482

Natürlich führen wir noch mehr Titel für alle Schularten. Wir informieren Sie gerne!

Telefon: 0 81 61/179-0
Internet: www.stark-verlag.de
Telefax: 0 81 61/179-51
E-Mail: info@stark-verlag.de

Bestellungen bitte direkt an:
STARK Verlagsgesellschaft mbH & Co. KG · Postfach 1852 · 85318 Freising

STARK

13-V1M